KB131636

밀라노 아줌마 슈라의

이탈리아 가정식

밀라노 아줌마 슈라의

이탈리아 가정식

이정화 지음

중앙books

PRODOTTO
INS
ORIGINE
ITALIA
PREZZO
TIPOLOGIA
€ 8,90

ODOTTO
Sedano Bianco
TIPOLOGIA
II cat.
ORIGINE
Italia
PREZZO
€ 1,95

있는 그대로의, 진솔한 이탈리아 가정식을 소개합니다

슈라는 1997년 봄 한국을 떠나 이탈리아로 왔어요. 그 당시의 내겐 이탈리아라는 새로운 환경이 낭만도, 도전도 아닌, 하루하루 다르고 불편한, 억지로 받아들여야 하는 숙제처럼 느껴졌죠. 아이들의 등하교 시 어른이 동반해야 한다는 규정이 있어서 아침잠이 많은 나도 부지런을 떨 수밖에 없었고, 아침마다 시장에 들르는 습관도 생기게 되었죠. 시장에서 만난 낯선 모양에 익숙지 않은 냄새의 치즈, 천장에 길게 걸려 있는 각종 햄들, 훈제 생선의 이상한 냄새들은 받아들여야 할 불편함의 목록 중 하나였어요.

그러던 어느 날, 이곳에서의 삶을 바꿔놓은 사건이 하나 있었어요. 욕심을 내어 갖고 싶다는, 아니 빼앗고 싶다는 마음이 생겼던 날. 시간이 지나 생각해 봐도 그날의 사건은 우연이 아닌 운명적인 만남이었던 것 같아요.

바로 친구 알베르토의 토마토스파게티였어요. 사무실 한편의 간이 부엌에서 몇 안 되는 직원들의 점심으로 준비하는 그의 스파게티는 고수의 비법이나 특별한 재료 같은 건 찾아볼 수 없었죠. 신선한 토마토를 마늘과 올리브오일로 볶아낸 소스에 소금 간을 하고 면을 버무린 단순한 스파게티. 거기에 불쾌한 냄새로 날 불편하게 했던 치즈를 갈아 뿌려 먹는 것이 전부였죠. 소박함이 묻어나는 스파게티 한 접시를 앞에 놓고, 포크로 한 입 말아 넣는 순간 살면서 맛보지 못한 행복을 입안 가득 느꼈어요. 행복함이 사라질세라 이 레시피를 꼭 빼앗고 싶다는 욕심이 순식간에 생기더군요.

알베르토의 토마토스파게티 레시피를 받아들고 반신반의하는 마음으로 직접 그 맛을 재현했을 때의 그 뿌듯함이 아직도 생생하네요. 다른 파스타 레시피에 자신이 생길 때까지 토마토스파게티는 꽤 오랫동안 우리 집 식탁에 올랐어요. 물론 지금도 계속 등장하고 있지만요(20년이 지나도 이 맛은 질리지 않아요).

그렇게 점점 이탈리아 식재료에 대한 인식이 바뀌어 갔어요. 받아들이는 걸 넘어 재료를 응용해 가며 요리하는 걸 즐기기 시작했어요. 맛있는 음식이 있으면 레시피를 받아 그 맛이 날 때까지 친구들을 괴롭게 하던 시절도 있었죠. 다양한 요리 중에서도 특히 파스타는 재료의 조화와 응용으로 무한한 레시피를 만들어 낼 수 있는 요리예요. 신선한 채소, 고기, 생선은 물론 각종 절인 채소, 햄, 절인 생선과도 잘 어우러져서 무한한 색감과 맛을 표현해내는 '예술' 같은 음식이죠.

이탈리아 요리는 재료의 특성을 최대한 살려 심플하게 맛을 내는 것이 특징입니다. 자연의 힘으로 발효시킨 치즈, 햄 등 저장 식품도 그렇고, 신선한 재료를 이용하는 계절 요리까지도 그렇죠. 요즘은 한국에도 이탈리아 요리가 많이 소개되고 있고 그만큼 익숙해지기도 했지요. 하지만 심플함이 매력인 이탈리아 요리를 우리나라에서는 다양한 재료와 향신료를 가미해 다소 자극적인 맛으로 완성하는 것 같아요. 한국의 현실에 맞게 레시피를 개발하는 것이겠지만 이탈리아 요리를 생생히 겪어본 슈라로서는 늘 아쉬운 부분이었어요. 식당의 화려한 레시피는 짧은 감동을 주지만 엄마의 집밥은 아주 오래 그 따뜻함을 전한답니다.

이 책을 통해 20년간 이탈리아에서의 삶에서 느꼈던 진솔한 이탈리아식 집밥을 소개하고 싶었습니다. 특별하게 개발한 레시피는 아니지만 이웃과 친구들의 부엌을 학교 삼아 수없이 반복하며 익혀온 슈라네 집 가정식. 그 비밀스러운 맛을 여러분과 함께 나누려 합니다.

이탈리아 사람들은 휴가를 다녀와 또 다음 휴가 계획을 세우고, 식사를 하면서도 또 다른 한 끼의 추억을 이야기합니다. 그들은 신이 선물한 자연을 감사하며 즐기는 낙으로 살죠. 그래서인지 삶에서 묻어나는 여유롭고도 심플한 향기가 그들의 요리에서도 느껴집니다.

하루 일과를 마치고 엄마의 파스타를 기대하며 집으로 돌아오는 이탈리아의 남편들처럼, 아이들처럼 이곳 밀라노의 맛을 느껴보시기 바랍니다.

밀라노에서 슈라

Contents

샐러드 & 수프 *Insalata & zuppa*

파스타 *Pasta*

리소토 *Risotto*

피자&파니니 *Pizza & Panini*

고기 요리 *Secondo*

디저트 *Dolce*

이탈리아 요리를 더욱 맛있게 만드는 재료들

허브

로즈메리 *Rosmarino*
로즈메리란 이름은 라틴어로 '바다의 이슬'이란 뜻입니다. 지중해 해안가에서 많이 자라는 민트 계열의 허브로, 고기 요리나 감자 요리에 주로 쓰입니다. 특유의 청량감 도는 향이 요리의 맛을 한층 고급스럽게 만들어주죠.

프레제몰로 *Prezzemolo*
프레제몰로는 '이탈리아의 파슬리'로 쓴맛이 적고 풍미가 좋아 생선 요리, 해물 요리에 많이 사용합니다. 파스타나 리소토에 고명처럼 즐겨 뿌려 먹고, 스튜나 소스에도 풍미를 더하기 위해 사용합니다.

페페론치노 *Peperoncino*
흔히 이탈리아 고추라고 알려져 있는 작은 고추입니다. 한국 고추와 달리 크기가 아주 작고 단맛이 없는 따끔한 매운맛을 갖고 있어요. 이탈리아 남부지방에서 주로 많이 사용하지만 대체로 많은 이탈리아 사람들이 페페론치노의 매운맛을 즐기죠. 생 고추, 마른 고추, 고춧가루 등 다양한 형태로 사용됩니다.

바질 *Basilico*
'허브의 왕'이라 할 만큼 진한 향을 자랑하는 바질은 토마토와 특히 잘 어울리는 허브입니다.
파스타, 피자, 파니니, 고기 요리 등 종류를 가리지 않고 다양한 요리에 사용되지요. 제노바 지방의 유명한 페스토*pesto* 소스를 통해 더 널리 알려지게 된 바질은 지중해에서는 없어서는 안 될 중요한 허브입니다. 매일의 이탈리아 식탁에서 사랑받고 있지요.

월계수 잎 *Alloro*
옛날부터 배가 아프거나 소화가 안 되면 월계수 잎끓인 물을 마시는 민간요법이 있었다죠. 월계수 잎은 채수, 육수를 만들 때 기본으로 들어가는 향신료예요. 또한 토마토소스, 생선 요리, 고기 요리에도 두루 쓰입니다.

살비아 *Salvia*
독특한 향이 좋아 잎 자체를 튀겨 먹기도 하고, 고기 요리에 향신료로 많이 사용합니다.

로즈메리
바질
프레제몰로
월계수 잎
페페론치노
살비아

치즈

양젖치즈 *Pecorino*

지역마다 숙성시키는 방법이 달라서 그 맛이 어떻다고 정의를 내리기 어려운 것이 이탈리아 양젖치즈의 특징입니다. 로마 지방의 양젖치즈, 토스카나 양젖치즈, 사르데냐 양젖치즈처럼 지역색이 강해서 역시 지역색이 강한 음식에 많이 들어가는 편입니다.

모차렐라 *Mozzarella*

피자에 올려 먹는 치즈로 익숙한 모차렐라는 크게 젖소의 우유로 만든 것, 물소의 우유로 만든 것(부팔라)으로 구분됩니다. 발효시키지 않은 치즈로, 토마토와 함께 곁들이면 유명한 카프레제가 됩니다.

리코타 *Ricotta*

치즈를 만들고 남은 찌꺼기를 재활용해 만든 것으로 부드럽고 신선한 맛이 좋은 치즈입니다. 샐러드로도 좋지만 일반적으로 라비올리나 음식의 속 재료, 케이크, 후식을 만들 때 많이 쓰입니다.

파르미자노 *Parmigiano reggiano*

'치즈의 왕'이라 불리는 이탈리아의 대표 치즈 파르미자노 레자노입니다. 18개월, 24개월, 36개월의 자연 숙성 방식을 통해 완성된 깊은 발효의 맛이 일품입니다.

스카모르차 *Scamorza*

치즈의 윗부분을 끈으로 묶어 숙성시킨 모양이 목을 맨 사람 같다 하여 '목이 잘린'이란 뜻을 가지고 있는 치즈입니다. 숙성시킨 모차렐라 스타일의 치즈로, 뜨거운 열기에 쭉 늘어나죠. 훈제하지 않은 하얀 치즈와 훈제한 갈색 치즈 두 가지 종류가 있는데 식감은 비슷하지만 맛은 확연히 다릅니다.

고르곤졸라 *Gorgonzola*

밀라노 근교에 위치한 '고르곤졸라'라는 작은 동네에서 생산되는 치즈로, 800년대 중반부터 만들어졌다고 알려져 있습니다. 이탈리아의 대표적인 블루 치즈로 부드러운 맛, 묵직하고 강한 맛의 두 가지로 발효되고 있어요. 크림 상태의 질감이어서 빵이나 채소에 발라 먹기도 하고, 북부에서 생산된 치즈답게 리소토, 폴렌타에도 많이 넣어 먹고 파스타에도 곧잘 넣어 먹는 치즈죠.

양젖치즈

파르미자노

모차렐라

스카모르차

리코타

고르곤졸라

파스타

스파게티, 라비올리, 짧은 종류의 파스타, 라자냐를 크게 통칭해서 파스타라 부르죠. 스파게티 종류는 25~26cm 정도의 길이를 기본으로, 면의 단면이 둥근지 사각인지, 스파게티 안에 구멍이 있는지, 면이 라면처럼 꼬불한지 등등 모양과 색깔에 따라 이름이 달라집니다. 소스와의 어우러짐도 그에 따라 달라지죠.

키타라 *Chitarra*
면의 단면이 사각형인 스파게티입니다.

라자냐 *Lasagna*
달걀과 밀가루로만 반죽하여 얇게 밀어 만든 중부 지방의 전통 파스타입니다.

트로피에 *Trofie*
달걀 없이 밀가루와 물로만 반죽한 것으로 얇게 꼬인 것이 특징입니다.

라비올리 *Ravioli*
이탈리아식 만두라 생각하면 됩니다. 시금치, 고기, 햄, 채소 등 다양한 재료를 넣어 만든 중부 지방의 전통 파스타입니다.

프레골라 *Fregola*
아름다운 섬 사르데냐의 특별한 파스타입니다. '그라노두로'란 밀을 사용해 적당한 구멍이 난 체에 반죽을 눌러 뽑아 한 번 볶아놓은 파스타입니다. 알이 작고 씹히는 질감이 좋아 해물과 잘 어울립니다.

탈리아텔레 *Tagliatelle*
볼로네제 고기 소스와 잘 어울리는 파스타인데 칼국수 면과 비슷합니다.

링귀네 *Linguine*
'혓바닥 모양'이란 뜻을 가지고 있는 면이죠. 일반면보다 납작하여 소스가 닿는 부분이 많아 소스와 면이 잘 어우러집니다.

피초케리 *Pizzoccheri*
이탈리아 북부 지방의 특색 있는 파스타입니다. 메밀로 만들어 식감이 다소 거칠지만 치즈와 채소와 함께 요리하는 레시피들이 많아 그 씹히는 식감 또한 매력으로 다가옵니다.

키타라
프레골라
라자냐
탈리아텔레
트로피에
링귀네
라비올리
피초케리

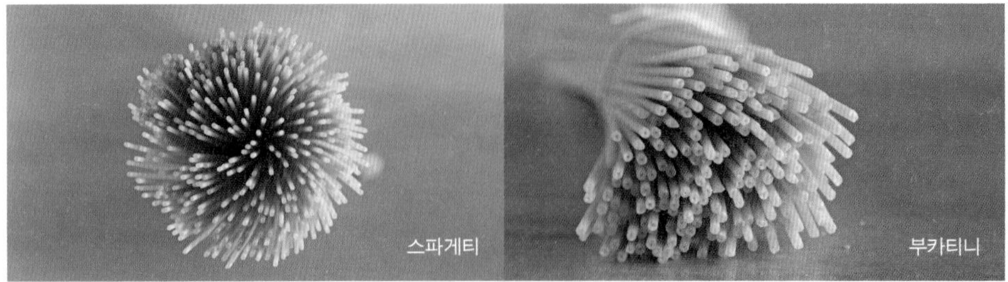

스파게티 *Spaghetti*
단면이 둥글고 길이가 긴 모양의 일반 스파게티입니다. 제조 회사마다 정해진 호수에 따라 굵기가 달라지죠. 반죽의 배합, 뽑아내는 기계에 따라서도 가격이 달라지는 것이 스파게티입니다.

부카티니 *Bucatini*
'구멍이 났다'는 뜻을 가지고 있는 면입니다. 일반 면보다 두껍고 면 안에 구멍이 나 있어요. 적당히 잘 삶아내면 우동 면발처럼 쫄깃함을 느낄 수 있습니다.

샐러드용 토마토

사르도 토마토 *Pomodoro sardo*
일반 토마토와 방울토마토의 중간 크기 정도 되는 토마토입니다. 신맛이 기분 좋게 드러나고 겉 부분이 두꺼워 샐러드용으로 사용하면 맛은 물론이고 아삭하게 씹히는 식감이 좋습니다.

쿠어레디 부에 토마토 *Pomodoro cuore di bue*
소의 심장같이 생겼다는 뜻을 가지고 있는 이 토마토는 주름이 많고 크기가 큰 편입니다. 씨와 물기가 적어 선드라이드*Sun dried* 토마토용으로 많이 쓰이죠. 겉 부분이 두껍고 단단해 샐러드용으로도 좋습니다.

올리브 오일

올리브오일은 신선한 올리브 열매에 열을 가하지 않고 그대로 압착하여 추출한 오일로, 추출되는 순서에 따라 오일의 품질이 달라지며 이름도 달라집니다. 제일 먼저 짜낸 산성도가 1% 정도인 것은 **엑스트라버진 올리브오일** *Olio extravergine di oliva* 로 이를 최고급으로 치며, 그 이후 산성도 2%부터는 버진 올리브오일입니다. 풍미는 엑스트라버진보다 아주 조금 떨어지지만 사용하는 용도는 같습니다. 샐러드나 완성 요리에 뿌려 먹죠. 그다음 단계인 **올리오 디 올리바 올리브오일** *Olio di oliva* 부터는 가열하는 일반 요리에 사용됩니다. 올리오 푸로 *Olio d'oliva puro*라는 단계를 하나 더 두는 나라도 있지만 이탈리아 가정에서는 크게 엑스트라버진과 올리오 디 올리바 이 두 가지로 나눠 사용합니다.

슈라의 레시피에 등장하는 오일 중 가열하는 요리에 쓰는 오일은 올리오 디 올리바이고요, 샐러드나 요리 마지막 단계에서 뿌리는 오일은 엑스트라버진입니다.

감칠맛을 내주는 재료들

안초비 *filetto di acciughe*

멸치를 소금에 절인 것으로 굵은소금이 있는 상태로 바로 사용하기도 하고, 올리브오일에 담가 보관하며 사용하기도 합니다. 빵과 함께 애피타이저로 먹기도 하고, 나폴리식 피자에 올려 먹기도 해요. 시저샐러드 소스, 파스타 소스 등등에도 들어가는 재료입니다. 담백함과 감칠맛을 끌어올리는 데 한몫하는 슈라의 든든한 요리 지원군입니다.

구안치알레 *guanciale*

'구안치알레를 넣은 카르보나라가 아니라면 모두 짝퉁이다'라고 말하는 사람들이 있을 정도로 구안치알레에 대한 이탈리아인들의 자부심은 대단합니다. 돼지고기의 볼살 부분을 소금과 허브로 절여 열을 가하지 않고 자연 숙성시켜 만든 햄입니다. 이탈리아 요리에 베이컨보다 더 많이 사용되는 구안치알레는 채소수프, 토마토소스는 물론 많은 파스타 소스에 돼지 기름의 깊은 맛을 내기 위해 사용하는 재료입니다.

다도 *dado*

셰프의 특제 소스에 빠짐없이 들어가는 가루! 일명 '마법의 금가루'라 불리는 다도(스톡)입니다. 다도는 들어가는 재료에 따라서 치킨 맛, 비프 맛 등 여러 종류가 있죠. 액체, 고체, 분말 형태로 각각 시판됩니다. 소금 양이 많은 편이라 걱정이 된다면 집에서 직접 소금 양을 줄여서 만들 수도 있어요.

직접 만드는 스톡

채소스톡

재료

양파(중간 크기) 1개
당근 $\frac{1}{2}$개
셀러리 1대
호박 1개
토마토 1개(또는 방울토마토 7~8개)
바질 2~3장
마늘 1쪽
프레제몰로 약간
소금 250g

• **소금이 전체 무게의 $\frac{1}{4}$이 되는 것으로, 채소 1kg + 소금 250g의 비율로 만듭니다.**

1 모든 재료를 잘 씻어 적당히 잘라 믹서에 넣고 갈아줍니다(양파와 마늘은 잘 씻어 껍질까지 사용해도 좋아요).

2 전자레인지용 용기에 담아 12~13분 정도 돌려줍니다. 건조 상태로 만들어야 하거든요(유리용기를 사용하면 건조가 더 잘 됩니다). 13분이 지나 꺼내 숟가락으로 아래위를 잘 섞어준 후 다시 12~13분 정도 돌려줍니다.

3 건조 상태가 된 스톡을 믹서에 갈아 물기 없이 잘 소독된 유리 용기에 담아 보관합니다.

스톡은 조미료의 일종으로 치킨스톡, 비프스톡 등 시판 제품이 있지만 직접 만들어 사용할 수도 있습니다.

비프스톡

재료

소고기 150g
셀러리 1대
당근 ½개
양파(중간 크기) 1개
마늘 2~3쪽(껍질까지)
로즈메리 1줄기
살비아 잎 2~3장
소금(천일염) 350g

1 모든 재료를 잘 씻어 적당히 잘라 믹서에 넣은 후 갈아줍니다(양파와 마늘은 잘 씻어 껍질까지 사용합니다).

2 전자레인지용 용기에 담아 12~13분 정도 돌려줍니다. 건조 상태로 만들어야 하거든요(유리 용기를 사용하면 건조가 더 잘 됩니다). 13분이 지나면 꺼내 숟가락으로 아래위를 잘 섞어준 후 다시 13분 정도 돌려줍니다.

3 건조한 상태가 된 스톡을 믹서에 갈아 사용합니다.

• 소금이 전체 재료 무게의 ⅓이 되는 것으로, 소고기 150g + 채소 850g + 소금 350g의 비율로 만듭니다.

• 직접 만든 스톡은 유리 용기에 담아 냉장 보관하며 3~6개월 정도 보관 가능합니다. 소금 양을 반 정도로 줄일 경우에는 냉동 보관해야 합니다.
• • 슈라의 레시피 중 '스톡 1개'로 표기된 경우 직접 만든 스톡 10g을 기준으로 사용하면 됩니다.
• • • 이 스톡을 이용해 채수나 육수를 만들 경우, 물 1L에 2작은술을 기준으로 사용하며 취향에 따라 양을 조절합니다.

소고기 육수 만들기

냄비에 소고기 1kg(기름이 적은 부위가 좋고, 소뼈도 같이 넣으면 좋아요)을 넣고 올리브오일을 1작은술 넣은 후, 갈색이 될 때까지 앞뒤로 구워요. 양파 1개, 당근 1개, 월계수 잎 4~5장을 넣고 물 1.5L를 넣은 후 1시간 정도 중불에서 끓입니다. 거품이 떠오르면 제거합니다.

채수 만들기

물 1.5L에 셀러리 1대, 양파 1개, 당근 1개, 월계수 잎 4~5장(생략 가능)을 적당히 잘라 넣고 20분 정도 끓인 후 소금 1작은술을 넣어 마무리합니다.

이 책의 분량 단위

슈라의 레시피는 계량컵(또는 종이컵)과 일반 식사용 스푼, 찻잔용 작은 스푼을 기준으로 분량을 표기했어요. 이탈리아 사람들도 엄격하게 계량스푼을 사용하기보다는 집에 있는 일반 스푼으로 적당히 눈대중해 넣어 맛을 내곤 하죠.

레시피 중 나오는 소금은 전부 천일염을 기준으로 사용했다고 보시면 돼요. 천일염을 쓰는 이유는 소금에 들어 있는 염화마그네슘(간수) 성분이 빠져나가 일반 소금에서 느껴지는 쓴맛이 없기 때문입니다. 깔끔한 짠맛을 낼 수 있죠.

1컵 계량컵 200*ml* 또는 일회용 종이컵 가득

1큰술 식사용 스푼 가득 = 5*ml*

가루 액체

1작은술 찻잔용 작은 스푼 가득 = 1*ml*

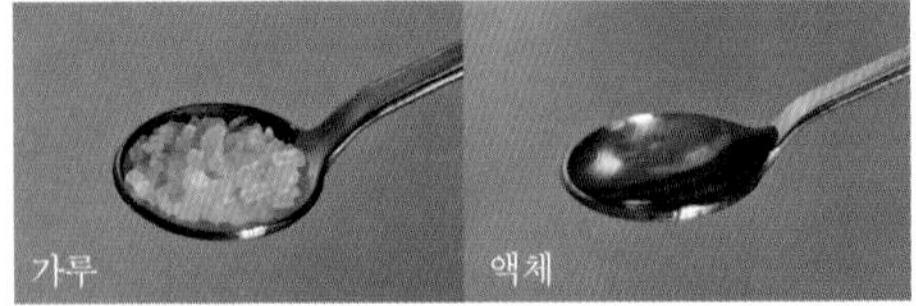

가루 액체

샐러드
&
수프
Insalata & zuppa

Insalata di finocchi e arance

오렌지펜넬샐러드

이탈리아에선 '피노키오 *finocchio*'라고 부르는 펜넬은 입안을 깨끗하게 정리해 주는 향이 좋은 채소예요. 이탈리아 남부 지방에선 식전에 셀러리, 당근과 함께 올리브오일에 찍어 먹는 애피타이저로 서브되기도 하죠. 사람마다 취향이 달라서 피노키오에서 화장품 냄새가 난다며 싫어하는 사람들도 있고요. 이 샐러드는 오렌지와 피노키오의 조화가 입맛을 상쾌하게 만들어 준답니다. 식전 샐러드, 또는 마지막 입안을 정리하는 샐러드로 적은 양만 서브하기를 추천합니다.

재료 2인분

오렌지 1개
펜넬 $\frac{1}{2}$개
올리브오일 2~3큰술
소금 약간(취향에 따라)

1 오렌지는 껍질을 벗겨 얇게 슬라이스하고, 펜넬도 씻어 물기를 없애고 하얀 부분만 얇게 잘라요.

2 접시에 오렌지와 펜넬을 가지런히 담고 올리브오일, 소금을 뿌립니다.

Pomodoro e burrata

부라타치즈샐러드

모차렐라치즈와 토마토의 조화가 싱그러운 카프레제샐러드는 많이들 아시죠? 그럼 부라타치즈에 토마토를 더한 풀리에제 지방의 샐러드는 혹시 아시나요? 개인적으론 카프레제보다 더 매력적이라고 생각해요. 단, 여름에 먹어야 100배의 감동을 느낄 수 있답니다. 모차렐라의 쫄깃함과 물소치즈의 깊은 맛, 크림치즈의 부드러움을 한 덩어리로 만든 듯한 부라타치즈! 식감의 변화가 주는 재미로 마지막 한 입까지 딴 생각을 못하게 만드는 맛있는 치즈죠. '버터를 바른'이란 뜻을 가진 치즈답게 풍부한 식감 뒤 살짝 무거운 뒷맛이 있는데 토마토가 이를 가볍게 마무리해줍니다.

재료 2인분

부라타치즈 1개(450~500g)
방울토마토 10개
올리브오일 2~3큰술
소금 약간
샐러드용 채소 약간

1 싱싱한 방울토마토를 이등분해 자르고 좋아하는 샐러드용 채소와 함께 접시에 담아 부라타치즈를 올리고 올리브오일과 소금을 뿌려 드시면 됩니다.

• 부라타치즈는 겉면은 쫄깃하고 안쪽은 살짝 녹인 버터처럼 부드러운 크림치즈 식감의 치즈입니다.

Insalata di fichi

무화과샐러드

말린 무화과는 이탈리아에서 흔하게 즐겨 먹는 건과류예요. 빵에 넣어 먹기도 하고요. 생무화과는 딱 서너 달 정도만 만날 수 있기에 욕심을 내어 요리로 만드는 계절 과일이죠. 보기에도 예쁜 싱싱한 무화과는 씹히는 맛과 단맛이 좋아 케이크나 후식 등의 재료로 애용하죠. 치즈와도 잘 어울리는데 무화과에 좋아하는 채소와 치즈를 함께 넣고 가을 샐러드로 즐긴답니다.

재료 3~4인분

무화과 4~5개
파르메산치즈 · 호두 적당량
샐러드용 채소 적당량
소금·올리브오일 약간

1 샐러드용 채소를 잘 씻어 물기를 제거한 후 네 쪽으로 자른 무화과, 슬라이스한 치즈, 적당히 다진 호두와 함께 그릇에 담아요. 올리브오일과 소금을 뿌려 완성합니다.

Insalata di farro

파로샐러드

파로 *farro*는 밀과 보리의 중간쯤 되는 곡물이에요. 다이어트에 좋고 껍질째 먹으면 비타민 B3, 아연 같은 영양소가 풍부하죠. 이탈리아 멋쟁이들이 몸매 관리를 위해 즐겨 먹는 메뉴이기도 합니다. 간단한 조합의 레시피가 놀라울 만큼 맛이 좋아 슈라의 쿠킹 클래스 인기 메뉴 중 하나죠.

재료 6~7인분

파로 500g
방울토마토 500g
블랙올리브 1병(약 135g)
그린올리브 1병(약 135g)
다진 바질 1큰술
올리브오일 2~3큰술
소금 약간
비프스톡 1개
(또는 굵은소금 1큰술)

1 넉넉한 냄비에 물(2L 정도)을 넣고 끓기 시작하면 비프스톡 또는 소금 1큰술을 넣고 파로를 넣어요. 20분 정도 끓인 후 파로를 체에 밭쳐 물기를 빼줍니다.

2 방울토마토를 씻어 잘게 자르고 병에 든 올리브를 건져 방울토마토와 같은 크기로 잘라줍니다.

3 넉넉한 그릇에 자른 방울토마토와 올리브를 넣고 파로와 섞어요. 싱싱한 바질을 다져 넣고 소금을 약간 뿌리고 올리브오일을 두른 후 간을 봅니다.

• 파로 대신 통보리나 귀리를 이용해도 좋아요. 병 올리브의 용량은 보통 300g, 물기를 뺀 양은 135g 정도인데 정확하지 않아도 괜찮습니다. 비프스톡이 없다면 치킨스톡도 괜찮아요.

•• 싱싱한 바질을 다져 넣는 방법을 적극 추천하고 싶어요. 싱싱한 바질을 늘 쓸 수 없다면 한 번에 많은 양을 잘게 잘라 냉동해두고 필요할 때마다 조금씩 꺼내 쓰면 돼요. 이것도 어렵다면 시판 바질 페스토를 1작은술 넣어주세요.

Insalata mista aceto balsamico

우리 집 기본 샐러드

피자, 스파게티보다 더 오래된 이탈리아 음식이 있다면 바로 샐러드, '인살라타*insalata*'입니다. 3세기경 모든 길을 로마로 통하게 하느라 행군했던 로마군들이, 야영지에 포도주 항아리까지 옮기기는 힘들었던 탓에 포도 묘목과 채소를 직접 심어 수확해 먹기 시작했다고 합니다. 신선한 채소에 올리브오일을 뿌리는 것이 전부인 인살라타는 집 떠난 이탈리아인들이 그리워하는 첫 번째 음식입니다. 집 떠났던 딸아이가 제일 먹고 싶어 한 것도 우리 집 인살라타였다네요.

재료 2인분

샐러드용 채소 100g
토마토 1개
올리브오일 2큰술
발사믹 식초 1큰술
소금 약간

1 샐러드용 채소, 토마토를 적당한 크기로 잘라 넣고 올리브오일과 발사믹 식초를 뿌려줍니다. 발사믹 식초의 향이 좋으므로 소금은 생략해도 좋아요.

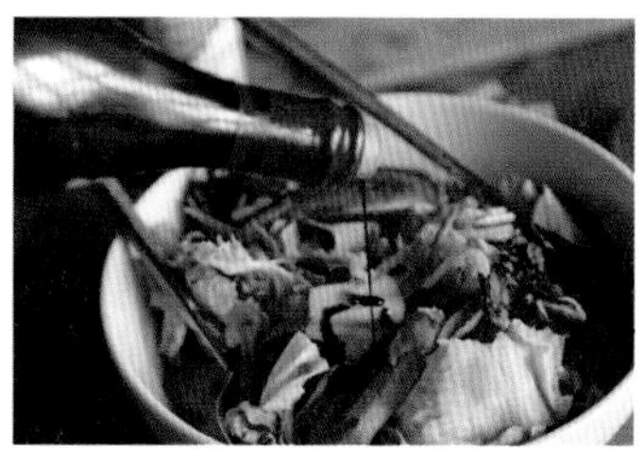

Insalata di pollo con ceci

병아리콩닭가슴살샐러드

이탈리아 여자들이 좋아하는 여름 샐러드 중 하나예요. 새로운 디자인과 패션을 좇아 젊은이들이 모여드는 밀라노 브레라 미술대학 근처의(우리나라의 홍대 같은 분위기죠) 한 카페에서 브런치 메뉴로 사랑받고 있기도 하고요. 샐러드는 무한한 재료 조합에 따라 변주 가능한 메뉴지만, 이 레시피만큼은 더할 것도 뺄 것도 없이 맛과 영양, 재료의 어우러짐이 이대로 완벽해요.

재료 2인분

닭가슴살 300g
통조림 완두콩 120~150g
통조림 병아리콩 120~150g
당근 $\frac{1}{2}$개
셀러리 1줄기
소금·후춧가루 약간
올리브오일 약간
월계수 잎 1장(생략 가능)

1. 닭가슴살을 삶아줍니다. 냄비에 월계수 잎 1장을 넣고 물이 끓으면 닭가슴살을 넣고 5분 정도 삶아줍니다(닭고기의 두께나 크기에 따라 삶는 시간은 달라질 수 있어요).

2. 닭가슴살을 식혀 한 입 크기로 자르고, 적당한 크기로 자른 당근과 셀러리, 완두콩, 병아리콩과 함께 그릇에 담고 소금, 후춧가루, 올리브오일을 뿌려 냅니다.

- 완두콩과 병아리콩의 분량은 물기를 뺀 콩만의 무게입니다.

Insalata di melograno

석류샐러드

오렌지와 석류로 유명한 시칠리아 지방에서는 길거리에 푸드 트럭을 대 놓고 주문 즉시 석류를 반으로 잘라 그 자리에서 주스를 짜 주는 풍경을 쉽게 볼 수 있어요. 한 방울도 버리는 것 없이 깔끔하게 짜서 담아내는 것도 신기하지만 포도주도 아닌 붉은 음료 한 잔이 주는 새콤달콤한 에너지가 그 색감만큼이나 강렬하죠. 석류는 채소 샐러드, 과일 샐러드에 장식처럼 올려 먹기도 하고, 한 알씩 떼는 것이 귀찮아 즙으로도 많이 먹죠. 가을과 초겨울에만 만날 수 있기에, 가을에 풍족한 호두와 함께 샐러드로 즐겨요.

재료 2인분

샐러드용 채소 100g
석류 $\frac{1}{2}$개
사과 $\frac{1}{2}$개
호두 10개
올리브오일 2~3큰술
소금 약간

1 그릇에 샐러드용 채소와 먹기 좋은 크기로 자른 사과, 호두를 넣고 석류 알맹이를 올려 약간의 소금과 올리브오일을 뿌려 드시면 됩니다.

Insalata di asparagi bianchi e trota affumicata

하얀 아스파라거스와 훈제송어 샐러드

제가 사는 동네에는 나름 이 지역에서 알아주는 작은 레스토랑이 있어요. 이 레스토랑이 유명해진 이유는 맛도 맛이지만 직장인을 위한 특별한 점심 메뉴 때문입니다. 매주 메뉴가 바뀌는데 그 시기 많이 나오는 제철 재료로 메뉴를 구성하죠. 가끔 그 주의 메뉴가 궁금해 가보곤 하는데, 어느 봄날 하얀 아스파라거스를 생으로 잘라 내놓은 샐러드 한 접시를 맛보고는 바로 식구들에게 해주고 싶더군요. 그날 집에서 따라 만들어보고 자주 해먹게 된 샐러드입니다. 입맛 없이 나른한 봄날 기운을 돋워줘요.

재료 2~3인분

하얀 아스파라거스 150g
훈제송어 90~100g
레몬 $\frac{1}{2}$개
올리브오일 2큰술

1 아스파라거스는 잘 씻어 편으로 얇게 자르고, 훈제송어도 적당히 한 입 크기로 자른 후 그릇에 담고 올리브오일과 레몬즙을 뿌려 줍니다.

• 취향에 따라 실파 또는 프레제몰로를 잘게 잘라 올려도 좋습니다.

Insalata di polpo con mango

망고 넣은 문어샐러드

이탈리아 친구의 문어샐러드를 맛본 후 문어 참 잘 삶았다고 칭찬을 했더니 본인만의 삶는 비법을 알려주더라고요. 그런데 그 비법이란 게 알려주는 친구들마다 다 달랐어요. 누구는 냉동 문어를 사용한다고 하고, 누구는 문어 머리와 다리를 방망이로 두들겼다 삶는다고 하고…. 친구들이 알려줄 때마다 실행해 본 결과 부드러우면서 씹히는 식감이 쫄깃한 슈라만의 방법을 완성했죠. 망고, 토마토 등 다른 재료와의 조화도 색다르고 재미있어요.

재료 3~4인분

문어 1kg
망고(단단한 것) 1~2개
토마토 300g
월계수 잎 1~2장
올리브오일 약간
레몬(큰 것) 1개
소금 약간
화이트와인 $\frac{1}{2}$컵

1 넉넉한 크기의 냄비에 물과 화이트와인, 월계수 잎을 넣고 끓기 시작하면 깨끗하게 손질한 문어를 넣고 40분 정도 삶아줍니다. 처음 10분은 뚜껑을 열고, 그 후 30분 정도는 뚜껑을 덮고 익힙니다(물 양은 넉넉해야 하고요, 충분히 끓는 물에 다리부터 머리의 순서로 넣어야 해요. 급한 마음에 압력솥에 삶는 분들이 있는데 안 하는 게 좋아요).

2 망고와 토마토는 적당하게 한 입 크기로 자르고, 삶아서 식혀놓은 문어도 잘라줍니다.

3 망고와 문어, 토마토를 그릇에 담은 후 레몬즙과 올리브오일을 두르면 됩니다.

• 완성한 샐러드는 취향에 따라 각자 소금 간을 하면 돼요. 아니면 삶아 잘라 놓은 문어에 소금 간을 따로 해서 나머지 재료와 섞어 서브해도 좋습니다. 실파나 프레제몰로(이탈리아 파슬리)를 다져서 뿌려 드셔도 좋아요.

Insalata di asparagi e uova

아스파라거스볶음달걀샐러드

이탈리아의 명절 중 크리스마스와 부활절은 점심 만찬을 중요하게 차려 먹는 날이에요. 크리스마스에는 보통 생선이나 해물요리를 먹지만 부활절엔 양고기나 토끼고기를 많이 먹어요. 어느 부활절에 친구 집에 초대받았는데 양고기, 토끼고기가 익숙하지 않았던 슈라에게 유일하게 포크가 가는 요리는 삶은 달걀 샐러드였죠. 아스파라거스와 달걀의 궁합이 어찌나 좋던지…. 그 뒤로 아스파라거스가 나오는 봄이면 자주 만들어 먹고 있어요.

재료 2인분

아스파라거스 300g
양파(작은 것) 1개
메추리알 10개(또는 달걀 2개)
빵 1쪽
소금·후춧가루 약간
올리브오일 약간

1 빵은 프라이팬이나 오븐에 구워 작은 큐브 모양으로 자르고 메추리알은 삶아 껍질을 벗겨줍니다.

2 양파는 적당히 자르고, 아스파라거스도 3cm 길이로 잘라줍니다. 프라이팬에 올리브오일을 두르고 양파와 아스파라거스를 넣어 소금 간을 살짝 하고 볶아줍니다. 5~7분 정도 볶는데 취향에 따라 아스파라거스 익히는 정도를 조절하세요.

3 접시에 볶은 아스파라거스와 양파를 넣고, 메추리알은 반으로 잘라 올리고 빵도 올려요. 취향에 따라 소금, 후춧가루로 간해요.

• 빵은 바게트 등 달지 않은 빵으로 사용해요. 메추리알 대신 달걀을 사용할 경우 삶은 후 다른 재료와 어우러지도록 작게 잘라 넣어요.

Insalata di manzo con salsa di acciughe

소고기안초비샐러드

이탈리아 사람들은 대부분 점심을 가볍게 먹는 편이에요. 샐러드로 점심을 대신하기도 하는데 이 샐러드는 고기가 들어가서 좀 더 든든하게 먹기 좋죠. 이탈리아식 생선 젓갈인 안초비 소스가 소고기와 어우러져 감칠맛이 좋답니다.

재료 2인분

샤부샤부용 소고기 150g
샐러드용 채소 100g
안초비 2~3조각
프레제몰로 약간
레몬 ½개
올리브오일 3~4큰술
로즈메리 1줄기
소금 · 후춧가루 약간

1 프라이팬에 로즈메리를 넣고 소고기를 살짝 구워줍니다.
이때 소금, 후춧가루로 간을 살짝 해주세요(기름은 두르지 않습니다).

2 소스를 만듭니다. 핸드블렌더나 믹서에 레몬즙, 올리브오일, 안초비, 프레제몰로를 함께 넣고 갈아줍니다.

3 그릇에 채소를 깔고 구운 소고기를 올린 후 소스를 부어 버무려줍니다.

• 프레제몰로는 이탈리아 파슬리예요. 많은 요리에 즐겨 뿌려 먹죠.

Insalata di pollo

닭가슴살샐러드

각자의 취향에 따라 다양한 재료를 응용하여 즐길 수 있는 심플한 샐러드입니다. 슈라는 닭가슴살을 넣어 포만감 있는 한 끼로 즐길 수 있도록 했습니다.

재료 2인분

닭가슴살 300g
아오리 사과 1개
셀러리 $\frac{1}{2}$대
호두 8~10개
로즈메리 1줄기
마요네즈 1큰술
겨자 1작은술
소금·후춧가루 약간

1 닭가슴살은 적당한 두께로 잘라 소금, 후춧가루를 뿌린 후 로즈메리와 함께 잘 달군 팬에 구워줍니다.

2 적당히 노릇하게 구운 닭가슴살을 한 입 크기로 자르고 사과와 셀러리도 잘라 그릇에 담아요. 호두도 뚝뚝 잘라 넣습니다.

3 마요네즈와 겨자를 섞어 소스로 뿌려주고 소금, 후춧가루를 약간씩 넣어 마지막 간을 합니다.

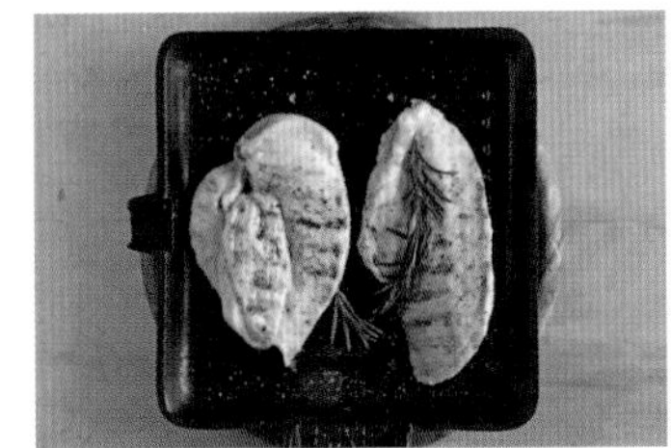

Cavolo nero in padella

카볼로네로콩볶음

채소에 가지게 되는 기대감을 무너뜨린 검은 케일 '카볼로네로*cavolo nero*'. 그 쓴맛에 당황스러워했던 적도 있었지만, 시간이 지나니 이 또한 이탈리아의 맛이더라고요. 쓴맛의 케일과 부드러운 콩의 조화가 좋은 볶음 요리입니다. 빵 위에 올려 브루스케타로 먹기도 하고 겨울 샐러드로도 즐겨 먹어요.

재료 3-4인분

케일 300g
통조림 콩 150g
마늘 1쪽
페페론치노(작은 것) 1개
올리브오일 2~3큰술
소금 약간

1 케일을 5cm 길이로 잘라요. 냄비에 물과 소금을 넣고 끓으면 케일을 넣고 10분 정도 삶아 물기를 짜 둡니다.

2 프라이팬에 올리브오일을 두르고 편으로 썬 마늘과 페페론치노를 넣고 볶은 후 물기를 뺀 통조림 콩을 넣고 1분 정도 볶아줍니다.

3 삶아둔 케일을 넣고 10분 정도 더 볶은 후 소금 간을 하고 마무리합니다.

Cime di rapa in padella

치메디라파볶음

'치메디라파'는 한국에서도 흔히 보는 채소 갓을 말해요. 이 레시피는 갓뿐만 아니라 시금치, 양배추 등 수분이 적은 채소를 안초비에 볶아 만드는 대중적인 이탈리아의 레시피랍니다. 샐러드 대신 겨울에 채소 요리로 많이 먹죠. 한국 분들은 나물처럼 반찬으로 즐겨도 좋은 매콤하고 짭조름한 맛이에요.

재료 2~3인분

갓 300g
안초비 3~4조각
마늘 1쪽
페페론치노 1개
올리브오일 약간

1 넉넉한 크기의 프라이팬 또는 냄비에 올리브오일과 편으로 썬 마늘, 안초비, 페페론치노를 넣어 볶은 후 잘 씻어 물기를 빼 놓은 갓을 넣고 5~7분 정도 볶아줍니다.

• 치메디라파볶음을 이용해 파스타를 만들거나 냉동파이에 올려 피자를 만들기도 하죠.

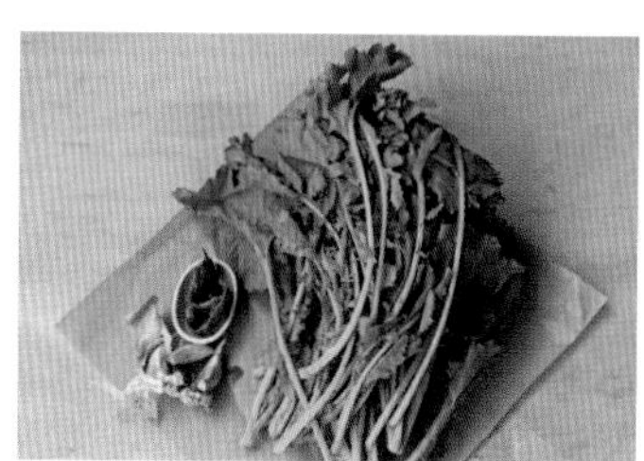

Pappa di pomodoro

토스카나 토마토수프

12세기 이탈리아의 시인 단테가 긴 망명생활을 하며 그리워했던 고향 토스카나의 집밥, 토마토수프입니다. 어느 셰프는 이 수프를 만들 땐 간이 되지 않은 싱거운 빵을 넣어야 제맛이 난다며, 자신만이 아는 비법처럼 이야기하더군요. 하지만 과연 12세기에 단테가 먹던 고향의 맛을 재현할 수 있을까 의문입니다. 토스카나의 토마토, 양젖치즈, 올리브오일이 어우러진 깊은 맛을 말이지요. 21세기를 살고 있는 슈라의 입에도 너무나 맛있는 토마토수프를 소개합니다.

재료 2~3인분

빵 4~5쪽
(달고 짜지 않은 기본 빵)
토마토 800g
양파 1개
마늘 2쪽
바질 10~15장
올리브오일 2큰술
소고기 육수 1.5L
(또는 비프스톡 1개+물 1.5L)
양젖치즈 약간

1 빵은 이틀 정도 지난 빵을 사용합니다.
빵에 마늘과 올리브오일을 바르고 앞뒤로 잘 구워둡니다.

2 토마토는 씨를 발라내고, 잘게 잘라 놓습니다.

3 냄비에 올리브오일을 두르고 잘게 다진 양파와 마늘, 바질을 넣고 볶은 후 토마토를 넣어 2분 정도 더 볶아요.

4 구워놓은 빵을 ③의 냄비에 넣고 육수를 부어 중불에 1시간 정도 끓입니다. 중간 중간 눌어붙지 않게 잘 저어주세요. 잘게 썬 양젖치즈와 바질 잎을 올려 접시에 냅니다.

• 육수를 직접 만들어 쓰기 어려울 때는 스톡 1개와 물을 넣으면 됩니다.
이탈리아에서는 기본 육수를 만들 때 스톡과 비슷한 조미료인 다도*dado*를 씁니다.
한국에선 구하기 힘드니까 비프스톡 또는 치킨스톡으로 대체했어요.

Vellutata di ceci

병아리콩수프

고소함이 남 다른 콩 수프예요. 어릴 적 콩밥, 콩국수를 싫어했던 제가 이탈리아에 와서 병아리콩수프 덕분에 콩 맛을 제대로 알아버렸죠. 콩 요리라고 하면 일단 먹어보고 따라 해보는 용기가 생겼어요. 콩과 토마토의 조화가 기가 막힌 병아리콩수프입니다.

재료 3-4인분

병아리콩 200g
월계수 잎 1장
토마토퓌레 100g
소고기 육수 1L
(또는 물1L+비프스톡 1개)
소금 1작은술
올리브오일 1큰술
로즈메리 1줄기
마늘 1쪽

1 병아리콩은 24시간 정도 물에 담가 불린 후 압력솥에 물과 소금 1작은술(천일염), 월계수 잎 1장과 함께 넣고 익혀줍니다. 압력솥 추가 흔들리면 5분 정도 더 익힙니다. 일반 냄비로 익힐 경우 1시간 정도 끓이면 돼요.

2 로즈메리와 마늘 1쪽을 실로 묶은 후 냄비에 올리브오일을 두르고 볶아줍니다.

3 ②의 냄비에 삶은 콩과 토마토퓌레, 육수를 넣고 30분 정도 끓여줍니다.

4 로즈메리와 마늘 묶음을 뺀 후 핸드블렌더로 갈아줍니다. 갈기 전에 콩을 조금 빼두었다가 완성된 수프에 장식으로 올려도 좋아요. 샐러드용 올리브오일을 한 번 두른 후 드시면 더욱 고소합니다.

Minestrone

미네스트로네

식사 때를 즈음해 갑작스러운 손님이 왔을 때 우리나라에선 '수저 하나만 더 놓으면 된다'고 하죠. 이탈리아에서는 '물만 더 부으면 된다'라고 합니다. 미네스트로네는 정확한 레시피 없이 물을 부어 양을 조절해 간만 맞으면 완성되는 메뉴죠. 돼지기름과 마늘을 볶아 더 풍부한 맛을 내는 시골 할머니 스타일이 기본 레시피지만, 요즘 엄마들은 조금 가볍게 올리브오일로 만들어 즐기는 편이죠.

재료 3~4인분

베이컨 약 60g
양파 1개, 셀러리 1개
당근 1개, 불린 콩 150g
대파(굵은 것) ½개
애호박 1개
늙은 호박 100g
감자 1개, 양배추 약 50g
토마토 2개, 채수 1.5L
파르미자노 치즈 60g
소금·올리브오일 약간

1 양파와 대파, 베이컨을 잘게 잘라 깊이가 있는 냄비에 올리브오일을 두르고 넣어 볶아줍니다.

2 나머지 채소들도 모두 잘게 잘라 넣어 볶은 후 채수를 붓고 1시간 정도 중간 불에서 끓입니다. 취향에 따라 파스타를 넣기도 하고 쌀을 함께 넣고 끓이기도 합니다. 먹기 전 치즈를 갈아서 넣고 뚜껑을 덮은 후 1분 정도 후에 드시면 됩니다.

• 채수 만들기는 24쪽을 참고하세요.

Lentiĉchie con salsicce

렌틸콩수프와 살시체

우리나라에서 설날에 떡국 먹는 풍습이 있듯 밀라노에서는 새해에 렌틸콩수프와 모데나 지방의 돼지족발, 잠포네 *zampone*라는 것을 먹는답니다. 복을 불러오고 부자가 되게 해준다는 렌틸콩수프에 돼지족발 껍질이나 창자에 양념한 고기를 넣어 만든 왕순대(*zampone* 또는 *cotechino*)를 곁들여 먹는 것인데, 사실 렌틸콩수프 하나만으로도 충분히 맛있어요. 슈라는 이탈리아식 소시지인 살시체를 곁들여 봤어요.

재료 4인분

렌틸콩 350g
양파 ½개
당근 ½개
셀러리 ½대
소고기 육수 1.5~1.8L
(또는 비프스톡 1개+물 1.5~1.8L)
토마토콘첸트라토 1큰술
(또는 토마토퓌레 1컵 반)
살시체 4개
화이트와인 ½컵
월계수 잎 2장
올리브오일 약간

1 렌틸콩은 가볍게 씻어 물기를 빼줍니다. 당근, 양파, 셀러리를 잘게 다져 냄비에 올리브오일을 두르고 넣어 1분 정도 중불에서 볶아줍니다.

2 렌틸콩을 넣고 2분 정도 더 볶은 후, 월계수 잎과 토마토콘첸트라토를 넣고 육수를 넣어 중불에서 30~40분 정도 끓입니다. 중간 중간 잘 저어서 콩이 냄비 바닥에 눌어붙지 않게 해주세요.

3 작은 냄비에 물 1L와 화이트와인 ½컵을 넣고 끓인 후 살시체와 월계수 잎 1장을 넣고 10분 정도 삶아줍니다. 완성된 수프를 그릇에 담고 살시체를 적당히 잘라 곁들여요.

• 살시체를 처음부터 렌틸콩과 함께 넣어 끓이는 것보다 이 방법이 더 맛이 깔끔하죠. 슈라는 잠포네 또는 코테키노와 함께 먹는 것보다 살시체와 먹는 편이 느끼하지 않아 좋더라고요.

•• 토마토콘첸트라토는 고추장처럼 생긴 압축 토마토예요. 없으면 토마토퓌레로 대체해요.

Crema di zucca e castagne

밤단호박수프

늦가을부터 이탈리아의 거리에서 반갑게 마주치는 사람들이 있어요. 바로 군밤을 파는 아저씨죠. 밤 굽는 냄새가 고향 친구라도 되는 양 어찌나 반갑고 고맙던지요. 군밤장수 아저씨의 넉넉함은 우리나라보다 못하지만(밤이 비싸거든요) 그래도 군밤장수가 있는 가을 거리는 푸근함이 느껴져 좋더라고요 .밤과 단호박을 넣어 그윽한 단맛이 일품인 이 수프도 가을에만 만날 수 있는 매력적인 먹거리죠. 한 입 먹는 순간부터 자연에서 익은 깊은 가을 단맛에 푹 빠져버린답니다. 가을 보양식이라 해도 좋을 만큼 영양도 풍부해요.

재료 4인분

껍질 벗긴 단호박 500g
껍질 벗긴 밤 250g
양파 1개
생크림 100ml
밀가루 1큰술
채수 750ml
(또는 비프스톡 1개+물 750ml)
소금·후춧가루 약간
올리브오일 1큰술
치즈 가루(취향에 따라)

1 단호박은 씨를 제거하고 껍질을 벗겨 적당한 크기로 잘라둡니다. 밤은 생밤을 까서 사용해도 좋지만, 손질해서 살짝 익혀놓은 시판 밤을 이용했어요(한국에서는 설탕이 첨가되지 않은 맛밤을 넣어도 좋습니다).

2 냄비에 올리브오일을 두르고 작게 자른 양파를 볶은 후 단호박과 밤을 넣고 채수를 부어 끓기 시작하면 15분 정도 중불에서 더 끓여줍니다.

3 잠시 불에서 내려 밀가루와 생크림을 넣고 핸드블렌더로 갈아줍니다. 밀가루를 처음 뜨거운 국물에 넣으면 뭉치지만 핸드블렌더로 갈면 다 풀려요. 1~2분 정도 중불에서 더 데워줍니다. 취향에 따라 소금, 후춧가루로 간을 하고 치즈 가루를 뿌려 먹어도 좋습니다.

• 채수 만들기는 24쪽을 참고하세요.

Vellutata di carciofi e patate

아티초크감자크림수프

가끔 혼자 사는 이탈리아 노인 분들의 점심 메뉴를 보면 정말 간단합니다. 감자 한 알을 잘게 썰어 다도(스톡) 조금 넣고 파스타를 넣어 만든 수프, 빵이 있는 날이면 수프에 빵을 찍어 먹는 정도의 조촐한 한 끼입니다. 소화도 잘 안 되고 치아 사정도 좋지 않아 그렇겠지요. 간단한 요리이긴 하나 재료 응용만 잘 한다면 영양 충분한 한 그릇이 되죠. 감자수프는 특히 여러 가지 재료를 더해 다양하게 변주할 수 있어요. 감자의 부드러움과 고소함은 기본, 아티초크의 가벼운 식감을 더한 수프를 소개합니다.

재료 2~3인분

아티초크 4개
감자(중간 크기) 3개
대파 2개 또는 양파 1개
채수 1L
소금·올리브오일 약간
빵(달고 짜지 않은 기본 빵) 3쪽

1 감자, 아티초크, 대파를 손질하여 적당한 크기로 자릅니다. 아티초크는 가니시로 올릴 양($\frac{1}{2}$개 정도)만큼을 따로 올리브오일에 볶아둡니다.

2 다듬어 놓은 재료를 냄비에 담고 채수를 넣어 중불에서 40분 정도 끓입니다. 소금을 넣어 마무리하고 핸드블렌더로 갈아줍니다.

3 빵은 올리브오일을 두른 프라이팬에 앞뒤로 구워 주사위 모양으로 잘라줍니다. 수프를 그릇에 담고 가니시용 아티초크와 빵을 올려주면 완성입니다.

• 채수 만들기는 24쪽을 참고하세요.

•• 아티초크 손질은 129쪽 과정1,2를 참고하세요.

Parmigiana di melanzane

가지라자냐

가지라자냐는 슈라네 집에서 아주 인기가 좋은, 특히 남편이 제일 좋아하는 요리예요. 가끔 밀가루 알레르기가 있는 손님이 오셨을 때 자신 있게 내놓는 요리이기도 하죠. 원래 이름은 '파르마 +가지'라는 뜻의 '파르미자나 디 멜란자네'입니다. 이름을 보고 얼핏 치즈로 유명한 파르마시 지방 음식이라고도 생각하는데, 실은 가지를 층층이 쌓아 올린 모양이 시칠리아 지방의 빗살 모양 덧문 파르미치아나*Parmiciana*를 닮았다고 해서 붙여진 이름이랍니다.

재료 4인분

둥근 가지 4개
토마토퓌레 100g
마늘 1쪽, 양파 ½개
모차렐라치즈 200g
바질 페스토 100g
파르메산치즈 가루 100g
튀김용 기름 1L
올리브오일 1큰술
소금 약간

1 가지를 1cm 두께로 잘라 소금을 뿌려 1시간 정도 둡니다.

2 잘 다진 마늘과 양파를 올리브오일을 두른 팬에 볶은 후 토마토퓌레를 넣고 소금 간을 해 15분 정도 끓입니다.

3 팬에 기름을 넉넉히 두르고 물기를 잘 닦아낸 가지를 앞뒤로 튀겨줍니다. 갈색으로 변할 때까지 튀겨주세요. 일반 채소보다 시간이 좀 더 걸립니다. 튀긴 후 기름을 충분히 빼줍니다.

4 오븐용 그릇에 ②의 토마토소스를 바르고 튀긴 가지를 한 겹 올린 후 그 위에 토마토소스를 바르고 모차렐라치즈와 바질 페스토, 치즈 가루를 차례로 올립니다. 가지-토마토소스-모차렐라치즈-바질 페스토-치즈 가루 순으로 반복해서 올려요. 슈라는 두 번 반복해 올렸는데 취향에 따라 3층, 4층으로 올려도 돼요.

5 180도로 예열한 오븐에 넣고 10분 정도 둡니다.

• 싱싱한 바질을 넣어 만드는 것이 오리지널이지만 슈라는 감칠맛을 더해주는 바질 페스토를 넣어 만들어 봤어요.

Fiori di zucca ripieni di patate

감자를 먹은 호박꽃

한국 사람들은 호박잎에 된장 넣고 쌈을 싸 먹지만, 이탈리아 사람들은 호박꽃을 먹어요. 꽃을 이용하는 요리가 재미있기도 하고, 요리에서도 멋을 낼 줄 아는 이탈리아 사람들의 센스가 돋보이기도 하죠. 완성된 모습이 근사할 뿐 아니라 맛 또한 좋아요.

재료 4인분

호박꽃 16개
감자 3개
호박 1개
그린빈스 약 20줄
달걀 1개
파르메산치즈 가루 80g
마늘 1쪽, 바질 2장
소금 1큰술
올리브오일·후춧가루 약간

1 호박꽃은 잘 씻어 꽃 안의 꽃술을 조심스럽게 잘라냅니다.

2 감자는 껍질을 벗겨 깍둑 썰고 호박과 그린빈스도 잘라 준비해둡니다.

3 끓는 물에 굵은소금 1큰술을 넣고 감자를 먼저 10분 정도 삶아준 후 호박과 그린빈스를 넣고 8~10분 정도 삶아 건져 물기를 빼줍니다.

4 충분히 물기를 뺀 감자, 호박, 그린빈스를 마늘, 바질과 함께 믹서에 넣어 잘 갈아주고, 달걀과 치즈 가루, 후춧가루를 넣어 섞은 후 짤주머니에 넣어줍니다.

5 손질한 호박꽃 속에 ④의 감자 소를 짜 넣고 윗부분을 꼬아주듯이 봉한 후 올리브오일을 두른 오븐용 그릇에 올려요. 180도로 예열한 오븐에 20분 정도 구워줍니다.

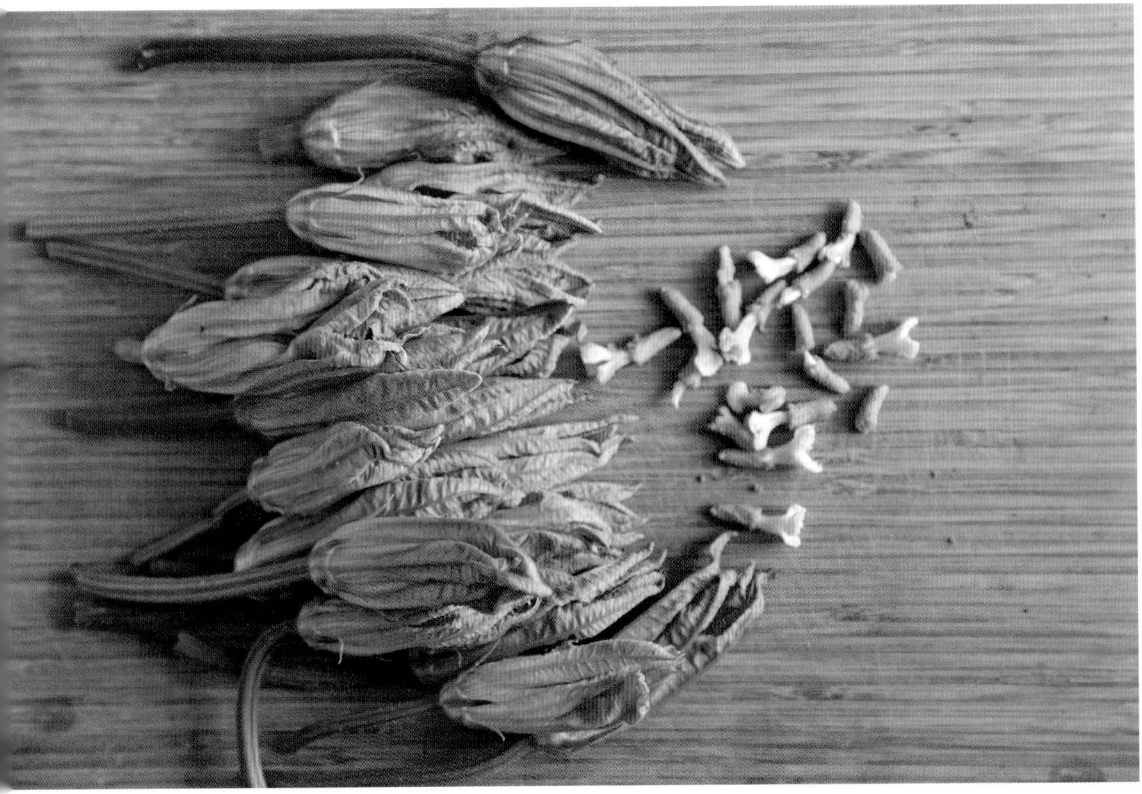

Caponata

카포나타

프랑스에 라타투이가 있다면 이탈리아에는 카포나타라는 채소볶음이 있어요. 카포나타는 해안가 선술집에서 시작됐다는 이야기도 있는데, 1700년대 서민 음식으로 등장해 귀족들에게까지 사랑받았던 전채요리입니다. 100명의 시칠리아 사람이 카포나타를 요리하면 100가지 다른 레시피가 나온다는 이야기가 있을 만큼 다양한 재료로 응용해 만드는 요리죠. 채소 요리의 또 다른 진수를 맛보게 될 것입니다.

재료 2-3인분

가지 약 800g
셀러리 2대
피망 1개, 양파 2개
토마토소스 100g
그린올리브 200g
케이퍼 80g
설탕 2큰술
식초 30ml
잣 2큰술
올리브오일 적당량
소금·후춧가루 약간

1 가지를 크게 깍둑썰기한 후 소금에 절입니다(가지를 작게 자르면 요리 과정 중에 다 으깨져 버려요). 40분 정도 절인 가지는 물기를 닦아 제거한 후 올리브오일에 5분 정도 노릇하게 튀겨 기름을 빼둡니다. 양파, 피망, 셀러리도 가지와 비슷한 크기로 잘라주세요. 셀러리는 끓는 물에 소금 1작은술을 넣고 2분 정도 데쳐 물기를 빼둬요.

2 양파와 피망, 셀러리를 팬에 올리브오일을 두르고 볶아줍니다. 그린올리브와 케이퍼, 토마토소스도 넣고 5분 정도 중불에서 더 볶아준 후 뚜껑을 덮고 다시 5분 정도를 졸입니다. 이때 소금 간을 살짝 해요(올리브와 케이퍼의 짠맛을 감안하고, 절여서 튀긴 가지의 간도 생각해 싱겁게 간합니다). 물기가 적어 채소가 팬에 들러붙는다 생각되면 물 1~2큰술을 넣어주세요.

3 튀겨놓은 가지를 ②와 합쳐 10분 정도 더 볶아준 후, 설탕, 식초, 잣을 넣어 2분 정도 더 섞어줍니다. 소금, 후춧가루로 마지막 간을 합니다.

• 하루가 지난 후 먹어야 더 맛있다고 하는 시칠리아 사람들이 있지만 저는 볶은 뒤부터 그다음 날까지 언제 먹어도 다 맛있더군요.

Polenta

폴렌타

파스타가 태어나기 전, 빵을 즐겨 만들어 먹기 전, 이탈리아 북부에서 주식으로 먹었던 옥수수죽 폴렌타입니다. 옥수수와 물, 소금을 기본 재료로 만들어, 아침에 우유를 부어 먹기도 하고 점심엔 채소나 고기를 볶아 곁들여 먹는 등 지금까지도 즐겨 먹고 있죠. 특별히 큰 감동은 없지만 긴 세월 이탈리아 북부 사람들이 주식으로 먹었던 한결같음이 음식에서도 느껴지죠.

재료 4인분

폴렌타
옥수숫가루 500g
물 2L
굵은소금 1큰술

소고기토마토조림
양지머리(또는 앞다리살) 300g
마늘 1쪽, 다진 양파 1큰술
올리브오일 2큰술
밀가루 2큰술
월계수 잎 1장
토마토퓌레 200g
레드와인 80ml
물(또는 채수) 100ml
소금·후춧가루 약간

1 폴렌타를 만드는 방법도 재료만큼 간단합니다. 단지 시간과 정성이 들어갈 뿐이죠. 넉넉한 냄비에 물을 넣고 끓으면 소금 1큰술과 옥수숫가루를 넣어 한 시간 정도 약한 불에서 익히면 됩니다. 계속 저어가며 익혀야 해요.

2 함께 곁들일 소고기토마토조림을 만듭니다. 양지머리를 길이 1cm 정도의 주사위 모양으로 잘라 밀가루를 묻힙니다. 팬에 올리브오일을 두르고 슬라이스한 마늘과 다진 양파를 볶은 후 고기를 넣어 색이 바뀔 정도로 볶아줍니다.

3 ②의 팬에 와인을 넣고 잠깐 끓여 알코올 성분이 날아가면 토마토퓌레와 소금, 월계수 잎을 넣어 20분 정도 졸입니다. 이때 토마토퓌레를 담았던 용기에 물(채수)을 넣어 헹구듯이 해서 팬에 붓고 함께 끓여요. 후춧가루를 뿌려 마무리합니다. 따뜻할 때 폴렌타와 곁들여요.

• 슈라는 폴렌타의 물 양을 2L로 잡았지만 함께 먹는 요리에 따라 묽기를 다르게 만들어요(물 양 1.7~2.5L). 슈라의 친구는 물을 조금 부족하게 넣고 마지막에 우유를 넣더군요. 그러면 맛이 부드러워집니다.

• • 폴렌타는 여러 가지 요리와 함께 먹는답니다. 햄을 곁들여 먹기도 하고 고르곤졸라치즈를 뜨거운 폴렌타에 올려 먹기도 하고, 라구소스를 올려 먹거나 버섯을 볶아 함께 먹기도 해요. 다음 날 굳은 폴렌타를 팬에 구워 먹거나, 치즈를 올려 오븐에 넣어 그라탱으로 먹기도 하죠. 생파스타 면을 만들 때 반죽에 으깨어 넣기도 하고, 토마토와 치즈를 올려 피자처럼 먹기도 해요. 고기 요리, 치즈 요리, 그리고 채소와도 너무나 잘 어울리는 폴렌타. 자신을 드러내지 않으며 다른 사람을 빛나게 하는 속 깊은 조연 같은 요리랍니다.

Alici sott'aceto

생멸치식초절임

얇게 썬 참치, 연어, 상어, 작은 정어리, 생멸치 등을 식초에 절인 요리는 이탈리아에서 입맛을 돋워주는 식전 요리로 사랑받아요. 시큼하고 담백하게 씹히는 생선살이 입에 짝 붙는 절묘한 맛은 그 자체로도 훌륭하지만, 빵에 곁들이면 더없이 고소하죠. 친구 집 크리스마스 식사에 초대받아 처음 먹어본 후 깔끔한 멸치의 맛도 놀라웠지만, 싱싱한 생멸치를 식초에 절여 올리브오일과 곁들이는 심플한 조리 방법이 더 마음에 들었지요. 이탈리아 요리를 하다 보면 재료의 심플함, 레시피의 심플함이란 말을 자주 사용하게 되는데, 생멸치식초절임이 딱 들어맞죠.

재료 4-6인분

생멸치(또는 정어리) 500g
식초 1컵
올리브오일 4~5큰술
프레제몰로 2작은술

1 싱싱한 생멸치를 씻어 배를 갈라 가시를 빼내고, 키친타월 위에 올려 물기를 빼줍니다.

2 넓은 용기에 생멸치를 가지런히 펼쳐 놓은 후, 멸치가 잠길 정도로 식초를 부어 2시간 정도 둡니다.

3 멸치를 건져내(물로 헹구지 마세요) 물기를 뺀 후 병에 가지런히 담아 올리브오일과 잘게 다진 프레제몰로를 넣어줍니다.

• 취향에 따라 페페론치노 2개, 편으로 자른 마늘 2작은술을 같이 넣어도 좋아요. 병 윗부분까지 오일을 가득 담아 공기와의 접촉을 막아야 쉽게 상하지 않아요. 바로 먹어도 좋고 3~4일 냉장 보관도 가능합니다.

•• 프레제몰로는 이탈리아 파슬리입니다. 다양한 요리에 뿌려 먹어요.

Funghi sott'olio

버섯식초절임

피클은 한국 사람들이 좋아하는 단맛의 피클도 있지만 사실 단맛 없이 즐기는 것이 더 많죠. 이런 피클은 애피타이저로 입맛을 돋우는 역할을 한답니다. 슈라는 손님이 오는 날 기본 3~4가지 피클을 작은 용기에 담아 서브하는데 햄 또는 치즈와 곁들이기도 해요. 파스타와는 노! 반찬이 아닌 요리로 먹는 피클입니다. 한국 사람들도 특히 좋아하는 버섯 피클 하나를 소개할게요. 식초에 담가놓고 먹는 피클이 아닌 식초를 이용해 신맛만 낸 깔끔하고 담백한 피클입니다.

재료 165ml 용기 3통 분량

버섯 1kg
(향이 강하지 않은 버섯 여러 가지)
올리브오일 200ml
식초 1컵
물 1컵
마늘 3~4쪽
페페론치노 2~3개
굵은소금 1작은술
고운 천일염 2g

1 버섯은 잘 씻은 후 먹기 좋은 크기로 다듬어둡니다.

2 냄비에 물(1컵)과 식초(1컵), 굵은소금을 넣고 끓입니다. 식초물이 끓기 시작하면 버섯을 넣고 1분 정도 데친 후 체에 밭쳐요. 물기를 충분히 빼주세요. 슈라는 나무주걱으로 꾹 눌러 물기를 뺐어요. 버섯에 고운 소금을 골고루 뿌려 밑간해요.

3 잘 씻어 놓은 유리용기에 데쳐놓은 버섯을 넣는데 중간에 편으로 썬 마늘과 페페론치노도 넣어가면서 채워줍니다. 두세 번에 나눠 올리브오일을 넣어주세요. 용기 윗면까지 충분히 채워지도록 넣어야 공기가 차단됩니다.

• 하루가 지난 후부터 먹을 수 있고요, 남은 것은 냉장 보관합니다. 버섯을 건져 먹고 남은 오일은 버리지 마시고 샐러드에 넣어 드시면 좋습니다.

• • 매콤한 맛을 좋아한다면 페페론치노 가루를 약간 넣어도 좋아요.

Melanzana sott'olio

가지식초절임

슈라가 이탈리아에서 임신했을 때, 밥은 챙겨 먹는지 자주 걱정해주던 친구의 어머니가 만들어 주신 요리입니다. 본인도 임신 중 가지식초절임을 먹고 입맛이 돌았다며 큰 병에 가득 담아주셨죠. 기분 좋게 씹히는 가지의 식감과 고소한 올리브 향, 식초의 톡 쏘는 맛까지. 뚜껑을 열어 하나 맛보곤 그대로 바닥을 봤답니다. 안부전화도 자주 못하던 제가 시식 후 바로 전화해 고맙다는 말과 함께 레시피를 얻어냈답니다.

재료 200ml 용기 2통 분량

가지 2~3개(500~600g)
식초 200ml
물 200ml
소금 2작은술
마늘 3~4쪽
페페론치노 2~3개

1 가지를 편으로 얇게 잘라 소금을 뿌렸다가 물기를 뺍니다.
면 행주로 꾹 눌러가며 물기를 완전히 빼줘야 식감이 좋아집니다.

2 냄비에 식초와 물을 1:1로 넣고 끓여 ①의 가지를 넣고
30~40초 정도 데칩니다.

3 물기를 다시 한 번 빼준 후(체에 밭쳐 꾹 누르는 정도로만 빼줘도 좋아요)
가지를 병에 넣고, 마늘과 페페론치노를 넣은 후 오일을 넣어 봉합니다.

• 슈라는 생략했지만 취향에 따라 오레가노 1작은술, 월계수 잎 2~3장을 넣기도 해요. 발효를 과하게 도울 수 있으니 조금만 넣어주세요. 하루가 지난 후부터 먹을 수 있고 남은 것은 냉장 보관합니다. 가지를 건져 먹고 남은 오일은 샐러드에 넣어 드세요.

•• 가지가 풍성한 여름에 만들어 4~6개월 정도 저장해두고 먹는 요리이긴 하지만, 엑스트라 버진 올리브오일을 넣기 때문에 저장기간이 길지 않아요(일반 가정집에서 만드는 방법으론 발효가 쉽게 될 수 있어요). 요즘은 사계절 가지가 나오는 편이니 먹고 싶을 때 조금씩 만들어 드시길 권합니다.

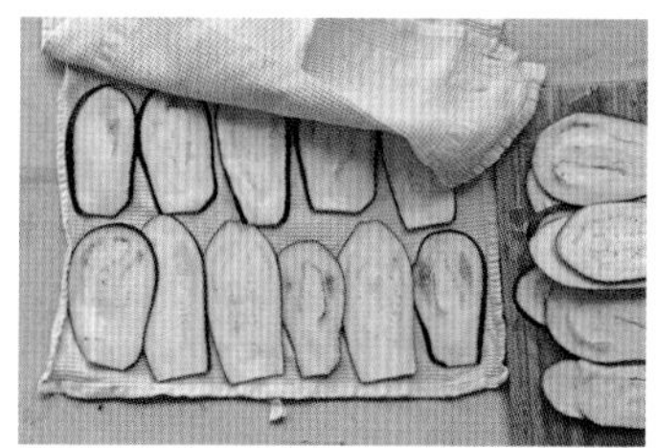

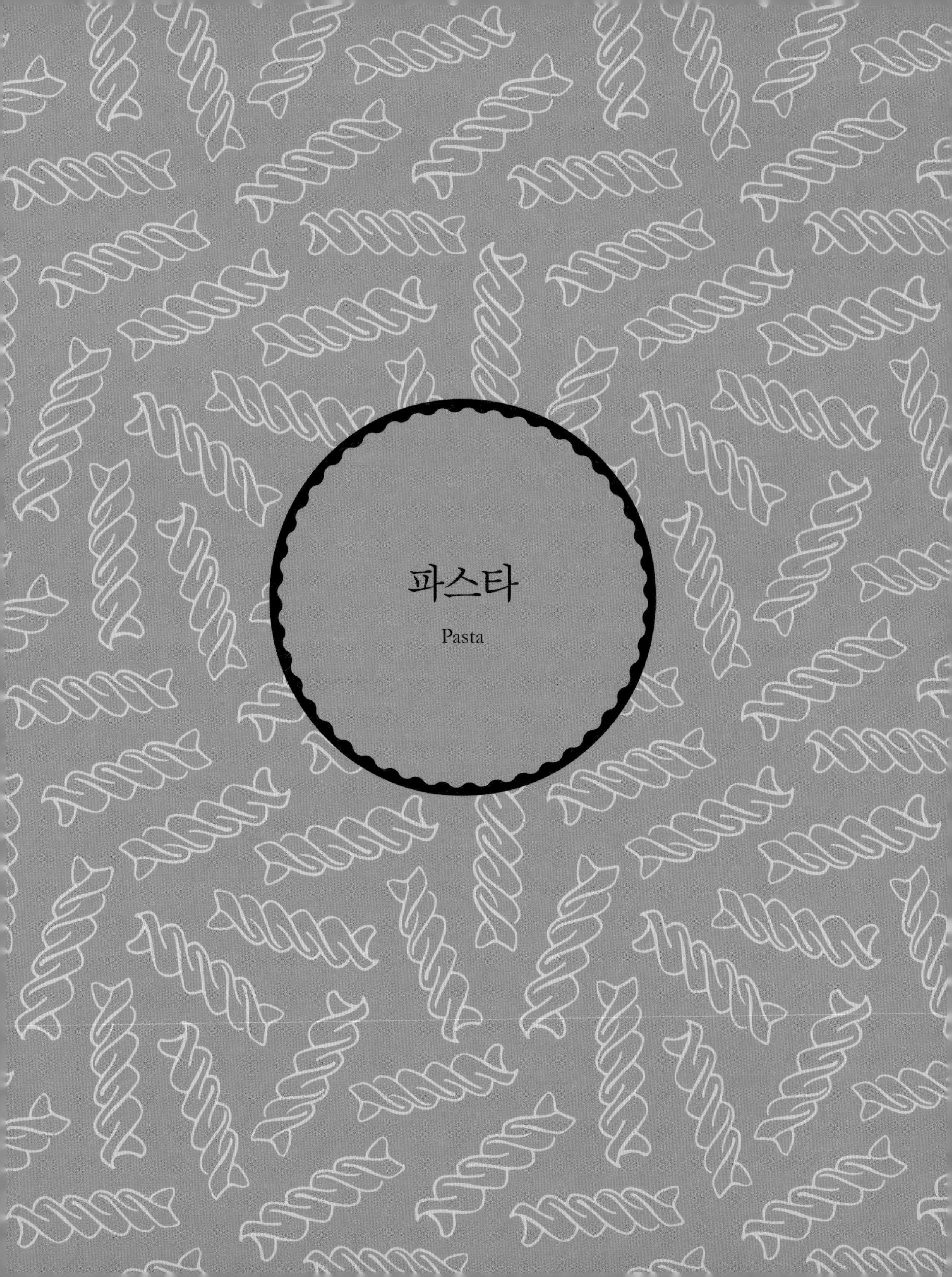

파스타

Pasta

Passata di pomodoro

기본 토마토소스

이탈리아에서는 슈퍼마켓에서 흔히 볼 수 있는 토마토 종류만 10가지가 넘어요. 소스로 만들 수 있는 토마토의 종류 또한 다양하죠. 우리나라에서 김장을 하듯이 이탈리아 사람들은 8월 중순부터 토마토소스를 만들어 저장해놓는데(지금은 옛날보다는 덜 만들지만) 8월 태양빛에 잘 익은 토마토의 맛을 두고두고 즐기기 위함이죠. 기본 토마토소스 만드는 방법도 여러 가지가 있지만, 가장 쉬운 레시피로 알려드릴게요. 피자와 파스타엔 물론이고, 고기나 생선 조림에도 쓰는 기본 소스입니다.

재료 4인분

토마토 1kg
양파 ½개
바질 3~4장
마늘 1~2쪽

1 토마토는 꼭지 부분에 십十자 모양으로 칼집을 낸 후 끓는 물에 1분 정도 데칩니다(껍질을 쉽게 벗기기 위해서예요).

2 데친 토마토는 껍질을 벗긴 후 반으로 잘라 씨를 빼냅니다.

3 냄비에 ②의 토마토와 슬라이스한 양파, 잘게 다진 마늘, 바질을 넣고 30분 정도 중불에서 끓여줍니다. 깨끗이 씻어 말린 유리용기에 담아 보관합니다(뜨거울 때 담아 뚜껑을 닫으면 자연스레 살균 및 진공 포장이 됩니다).

• 길쭉하게 생긴 토마토는 씨 부분의 물기가 적고, 육질이 단단해 소스로 많이 만들어 먹어요. 그중 산 마르자노*San Marzano* 지방의 토마토를 최고로 치는데, 미네랄이 풍부한 베수비오 화산의 토양에서 지중해의 태양빛을 받고 자라 진한 풍미를 자랑해요. 라이코펜 함유량도 일반 토마토의 2배 정도라고 하니, 맛도 좋고 건강에도 좋은 셈이죠.

•• 길쭉한 토마토를 구하기 힘들다면 굵은 방울토마토를 이용해도 좋아요. 시간이 좀 걸려도 껍질을 꼭 벗기고, 씨도 빼주세요.

Pasta agli asparagi

아스파라거스파스타

봄철 두 달 정도 한창 나오다가 갑자기 사라지기에 때를 놓치면 냉동으로 즐길 수밖에 없었던 아스파라거스. 지금은 사계절 만날 수 있지만 아스파라거스 중 최고로 치는 얇은 야생 아스파라거스는 봄철에만 즐길 수 있어요. 먼 나라에서 온 슈라에겐 로마시대부터 이탈리아 사람들의 사랑을 받았다는 아스파라거스가 왠지 거만해 보이는 채소였죠. 어느 봄 부활절에 친구가 만들어 준 파스타를 먹어보고 감동한 후론 같은 레시피로 자주 만들어 먹고 있습니다. 아스파라거스는 치즈, 이탈리아 햄과 잘 어울리고, 파스타나 고기 요리에 곁들이면 그 요리에 맞게 또 잘 어우러지죠.

재료 4인분

파스타 350g
아스파라거스 300g
스펙(또는 베이컨) 150g
샤프란 0.5~1g
마늘 1~2쪽
소금 약간
올리브오일 2~3큰술

1 넉넉한 냄비에 물을 넣고 끓기 시작하면 굵은소금 1큰술을 넣고 파스타를 넣어 끓여줍니다. 물이 넉넉해야 파스타가 붙지 않아요. 아스파라거스는 씻어 밑동의 하얀 부분을 잘라내고 잘 다듬어 적당한 크기로 자릅니다(슈라는 파스타 길이에 맞춰 잘랐어요).

2 프라이팬에 올리브오일을 넉넉히 두르고 슬라이스한 마늘, 잘게 자른 스펙을 넣고 30초 정도 볶습니다. 아스파라거스를 넣고 소금(1g 정도)을 뿌려서 3분 정도 더 볶아준 후 샤프란 가루를 넣고 불에서 내립니다.

3 적당히 익힌 파스타를 ②의 팬에 넣고, 파스타 끓인 물 10ml 정도를 넣어 강한 불에서 30초 정도 볶아내듯 섞어줍니다. 취향에 따라 파르메산치즈를 뿌려 드셔도 좋습니다.

• 스펙*speck*은 뼈를 발라낸 돼지 다리를 염장한 뒤 훈연해 몇 개월 정도 숙성시켜 먹는 이탈리아 햄이에요.

Spaghetti con puntarelle

퓬타렐레스파게티

이탈리아의 낯선 채소를 식탁 위에서 만났을 때 입안 가득 쓴맛이 차올라 겁을 먹고 돌아선 것이 대부분이었어요. 퓬타렐레를 처음 만났을 때도 그랬습니다. 퓬타렐레는 치커리 과에 속하는 채소인데 생긴 건 흔히 보던 치커리와 확연히 달라요. 퓬타렐레는 로마 근처에서 주로 재배하는 채소로 살짝 쓴맛에 뒷맛이 고소합니다. 샐러드로 또는 살짝 볶아서 먹기 좋아요.

재료 4인분

퓬타렐레 300g
스파게티 350g
마늘 2쪽
올리브 20개
안초비 4~6줄
페페론치노 2~3개
올리브오일 3큰술
소금·후춧가루 약간

1 넉넉한 냄비에 물을 넣고 끓기 시작하면 소금 1큰술을 넣고 면을 넣어 삶아요. 퓬타렐레는 잘 씻어 길쭉하게 자른 후 찬물에 10분 정도 담가놓았다가 체에 밭쳐 물기를 빼줍니다.

2 프라이팬에 올리브오일을 두르고 슬라이스한 마늘과 페페론치노, 올리브, 안초비를 넣고 볶아준 후 물기를 빼 놓은 퓬타렐레를 넣고 4~5분 정도 볶아줍니다. 숨이 살짝 죽을 정도로만 볶아요.

3 삶은 스파게티를 팬에 넣고 스파게티 삶은 물 한 국자와 올리브오일을 넣어가며 함께 볶아줍니다.

Pasta integrale con puntarelle e prosciutto

푼타렐레통밀파스타

날씬한 이탈리아 여자들의 통밀 사랑은 시간이 흐를수록 더합니다. 통밀 자체의 맛도 구수하고 좋지만, 파스타로 만들면 그 고소함이 배가 되죠. 파스타 하나만으로도 충분히 맛있는 요리가 됩니다. 발효된 깊은 맛이 느껴지는 카치오카발로*caciocavallo*치즈와 프로슈토와 함께 완성해 보았습니다.

재료 4인분

통밀 파스타 300g
푼타렐레 250g
그린올리브 20개
양파(중간 크기) 1개
프로슈토 크루도 80g
카치오카발로치즈 100g
올리브오일 약간
소금·후춧가루 약간

1 넉넉한 냄비에 물을 넣고 끓기 시작하면 소금 1큰술을 넣고 면을 삶아요. 푼타렐레를 씻어 파스타 길이 정도로 잘라 찬물에 10분간 담가놓은 후 체에 밭쳐 물기를 빼둡니다.

2 프라이팬에 올리브오일을 두르고 슬라이스한 양파를 볶은 후 잘게 자른 프로슈토와 올리브를 3분 정도 볶아요. 푼타렐레도 넣고 4~5분 정도 더 볶아줍니다.

3 적당히 익은 파스타를 건져 ②의 팬에 넣고 파스타 끓인 물 반 국자를 부어 20~30초 정도 볶은 후 갈아놓은 치즈를 넣어 볶아줍니다. 올리브오일을 살짝 더 두르고 소금, 후춧가루로 간을 하여 마무리합니다.

• 프로슈토 크루도는 돼지 뒷다리를 염장하여 자연 발효시킨 이탈리아 햄입니다. 익히지 않고 만든 생햄으로, 이탈리아에서 엄격히 관리한 돼지고기의 뒷다리로만 만들죠. 제일 유명한 파르메산 프로슈토 크루도는 짠맛 속에 숨겨진 부드러운 단맛이 일품이랍니다.

Spaghetti con pomodorini

방울토마토스파게티

여름 햇빛을 충분히 받은 토마토를 사용해야만 이 맛이 납니다. 방울토마토스파게티는 슈라의 쿠킹 클래스에서 여름에만 추가하는 레시피 중 하나죠. 6~8월 햇빛을 받고 자란 달큰한 방울토마토의 자연스러운 감칠맛이 담겨 있는 스파게티예요. 자연을 그대로 담은 꾸밈없는 맛은 누가 만들어도 100점을 받을 수 있을 만큼 훌륭하죠.

재료 4인분

방울토마토 300g
스파게티 350g
마늘 1쪽
마른 페페론치노 1개
소금·올리브오일 약간
바질 약간

1 넉넉한 냄비에 물을 넣고 끓기 시작하면 소금 1큰술을 넣어 스파게티를 삶아요. 방울토마토는 씻어 반으로 잘라놓습니다.

2 프라이팬에 올리브오일을 두르고 슬라이스한 마늘과 마른 페페론치노, 잘라놓은 방울토마토를 넣고 5분 정도 중불에서 볶아줍니다. 이때 소금 3g 정도를 넣어 간을 한 후 바질을 넣어줍니다(바질을 장식으로 올리고 싶다면 조금 남겨뒀다가 완성 접시에 올려요).

3 적당히 익은 스파게티를 토마토소스 팬에 합쳐 30초 정도 볶아줍니다. 스파게티 삶은 물을 3스푼 정도 넣어 볶다가 올리브오일을 뿌려 마무리합니다.

Spaghetti taleggio rosmarino

로즈메리치즈스파게티

전혀 조화로움이 느껴지지 않는 재료들의 조합이죠? 이 스파게티를 처음 먹어봤을 때 슈라는 시골 음식 같다는 생각이 들더군요. 시골 할머니 집에서 할머니가 정성껏 차려주신 밥 한 상을 배불리 먹고 난 후의 행복한 포만감! 바삭하면서 부드러운 식감, 진하게 풍기는 로즈메리 향에 의외의 탄성을 자아내게 되는 스파게티입니다.

재료 4인분

스파게티 350g
탈레조치즈 150g
우유 150ml
마른 빵 30g
베이컨(또는 프로슈토) 4장
로즈메리 1줄기
호두 30g
올리브오일 2~3큰술
소금 약간

1 넉넉한 냄비에 물을 넣고 끓기 시작하면 굵은소금 1큰술을 넣고 스파게티를 삶아요. 작은 냄비에 우유와 로즈메리, 탈레조치즈를 넣고 5분 정도 중불에서 끓여줍니다.

2 믹서에 마른 빵과 호두를 넣고 적당히 갈아둡니다. 프라이팬에 올리브오일 1큰술을 넣고 갈아놓은 호두와 빵을 넣어 2분 정도 중불에서 볶아줍니다. 다른 프라이팬에서 베이컨을 바짝 구워둡니다.

3 적당히 익은 스파게티를 건져 낸 후 팬에 올리브오일을 두르고 살짝 볶아줍니다. 접시에 담아 ①과 ②의 준비한 재료들을 모두 가지런히 올려줍니다.

Spaghetti alla bottarga e limone

보타르가레몬스파게티

생선 알을 훈제해 만든 보타르가를 처음 맛보았을 때, 사르데냐 섬 지방 토박이인 친구가 "많이 먹으면 밤에 잠 못 잔다"라고 농담을 하더라고요. 처음엔 이해가 안 돼 그냥 웃으며 넘겼는데, 해가 지난 후 그 이유를 알았죠. 생선 알을 먹으면 힘이 좋아진다나요? 근거 있는 이야기인지는 모르겠어요. 지금 생각해 보면 짠맛이 강하니 조금만 먹으라고, 혹은 가격이 싸지 않으니 아껴 먹으라는 의도일 수도 있겠다 싶네요. 훈제한 숭어 알은 섬 지방인 사르데냐에서 많이 사용하는 재료입니다.

재료 4인분

스파게티 350g
레몬 1개
양파(작은 것) 1개
빵가루 4~5큰술
보타르가 20~30g
피스타치오 30g
올리브오일 약간
소금·후춧가루 약간

1 넉넉한 냄비에 물을 넣고 끓기 시작하면 굵은소금 1큰술을 넣고 스파게티를 삶아요. 양파는 잘게 다져놓고, 레몬은 노란 겉 껍질을 곱게 갈아놓습니다. 피스타치오는 칼을 이용해 잘게 다지고, 빵가루도 준비합니다.

2 프라이팬에 올리브오일을 두르고 양파, 레몬 껍질 간 것, 피스타치오, 빵가루를 넣고 볶아줍니다. 적당히 익은 스파게티를 팬에 합하여 섞어줍니다.

3 불에서 내려 보타르가를 잘게 갈아넣고 레몬즙과 올리브오일을 두른 후 마무리합니다.

• 빵가루는 2~3일 지난 바게트 종류를 갈아 사용하면 좋습니다.

Spaghetti al nero di seppia e con seppie

갑오징어먹물스파게티

갑오징어 살은 빼고 먹물만을 이용해 만드는 방법도 있지만, 왠지 10% 부족하다는 느낌이 들죠. 갑오징어 살과 그 안의 먹물까지 전부 넣어야 진심이 담긴 먹물 파스타를 즐길 수 있어요. 교양이 넘치는 우아한 이탈리아 아줌마들도 먹물 파스타 먹을 땐 영구 이빨처럼 꺼뭇꺼뭇하게 이빨 색이 변해도 개의치 않고 즐긴답니다. 충분히 행복해하며 이 맛을 즐기세요.

재료 4인분

스파게티 350g
손질하지 않은 갑오징어 450g
(작은 것 2마리 또는 큰 것 1마리)
마늘 2쪽
페페론치노 2개
다진 프레제몰로 1큰술
화이트와인 ½컵
소금·올리브오일 약간

1 넉넉한 냄비에 물을 넣고 끓기 시작하면 굵은소금 1큰술을 넣고 스파게티를 넣어 삶아요. 갑오징어를 손질합니다. 껍질을 벗기고 뼈를 빼낸 후 안쪽 윗부분에 있는 먹물을 조심히 떼어냅니다. 갑오징어 살은 씻어 잘게 잘라놓습니다.

2 프라이팬에 올리브오일을 두르고 잘게 다진 마늘과 페페론치노, 프레제몰로를 넣고 살짝 볶은 후 다듬어놓은 오징어를 넣고 1분 정도 볶아줍니다.

3 1분이 지난 후 화이트와인을 넣고 2~3분 정도 졸여준 후 먹물을 넣고 섞어줍니다. 이때 소금간을 살짝 해주세요.

4 적당히 익힌 스파게티를 ③에 넣고 30초 정도 볶듯이 섞어줍니다.

• 프레제몰로는 이탈리아 파슬리예요. 많은 요리에 즐겨 뿌려 먹죠.

Pasta alla Norma

노르마파스타

이탈리아 남부의 시칠리아는 지중해에서 가장 큰 섬으로, 역사적으로 아랍과 그리스의 영향을 많이 받았어요. 시칠리아의 많은 토속 음식들도 그 영향을 받았는데 그중 이탈리아를 대표할 만한 음식이 많아요. 노르마파스타는 시칠리아의 카타니아*Catania* 지방 음식인데, 그곳 출신인 음악가 빈센초 벨리니가 좋아했던 파스타였다고 해요. 이를 기념하기 위해 그의 유명한 오페라 제목인 '노르마*la Norma*'라는 이름을 붙여 놓았어요.

재료 4인분

가지(큰 것) 2개
토마토퓌레 500g
양파(작은 것) 1개
마늘 1쪽
스파게티(부카티니) 400g
소금 약간
리코타살라타치즈 200g
올리브오일 1컵+2큰술
바질 4~5장

1 넉넉한 냄비에 물을 넣고 끓기 시작하면 굵은소금 1큰술을 넣고 파스타를 삶아줍니다. 가지는 1cm 정도 굵기로 깍둑썰기해서 소금을 뿌려 한 시간 정도 후에 물기를 빼주세요.

2 깨끗한 키친타월로 가지의 물기를 제거해주세요. 센 불에 팬을 올리고 기름을 넉넉히(1컵 정도) 둘러 뜨거워지면 가지를 넣어 1분 정도 튀긴 후 기름기를 빼둡니다.

3 우묵한 팬에 올리브오일을 두르고 잘게 다진 양파와 마늘을 볶은 후 토마토퓌레를 넣고 15분 정도 끓여준 다음, 소금 간을 하고 바질도 넣어주세요.

4 팬에 튀겨 놓은 가지를 넣고 리코타살라타를 잘게 갈아 넣습니다. 적당히 익은 파스타를 넣고 골고루 버무리면 완성이에요.

• 리코타살라타*ricotta salata*는 리코타치즈에 소금을 넣어 건조시킨 것입니다. 오리지널 레시피에는 이 리코타살라타가 들어가는데, 파르메산치즈로 대신해도 됩니다. 토마토퓌레는 양념이 되어 있지 않은 깡통 제품 또는 유리병에 든 토마토소스용을 사용하면 됩니다.

Pasta con fiori di zucca e salsiccia

아기 호박 살시체파스타

이탈리아에 와서 만난 낯선 식재료인 호박꽃에 쉽게 다가갈 수 있었던 이유는, 호박꽃 튀김을 보고 친정 엄마의 아카시아 꽃 튀김을 기억해 냈기 때문입니다. 잠시 시골에 살았을 때, 어느 봄날 중학생인 저와 엄마는 만발하던 아카시아 꽃을 따 튀겨 먹었어요. 아카시아 꽃 튀김의 맛은 밍밍했지만, 엄마와의 추억은 달콤하게 남아 있죠. 호박꽃만으론 심심한 맛이지만, 여러 가지 재료를 더해 만들면 의외의 먹는 즐거움을 주죠.

재료 4인분

파스타 350g
살시체 350~400g
꽃이 달린 아기 호박 150g
대파 1대(또는 다진 쪽파 1큰술)
올리브오일 2~3큰술
소금·후춧가루 약간

1 넉넉한 냄비에 물을 넣고 끓기 시작하면 소금 1큰술을 넣어 파스타를 삶아요. 아기 호박은 가볍게 씻은 후 호박과 꽃을 분리해요. 호박꽃은 꽃술을 떼어내고 길쭉한 잎 방향 그대로 찢어주고 호박도 길게 잘라줍니다.

2 대파는 씻어 다지고 살시체도 적당한 크기로 잘라주세요.

3 프라이팬에 올리브오일을 두른 후 다진 파와 살시체를 2~3분 정도 볶은 다음 손질한 호박과 꽃을 넣고 2분 정도 더 볶아요. 소금, 후춧가루로 간을 합니다. 적당히 익힌 파스타와 파스타 끓인 물 반 국자 정도를 넣어 버무려요. 올리브오일을 뿌려 마무리하면 좋습니다.

• 살시체는 이탈리아식 생소시지예요.

Insalata di pasta con pesto

차가운 바질소스파스타샐러드

의심이 갈 정도로 간단한 재료의 조합으로 만드는 파스타지만, 한번 맛을 보면 뭔가 특별한 비법이라도 있지 않을까 의심하게 만드는 맛있는 파스타입니다. 바질의 진한 향과 토마토의 달콤함, 올리브의 고소함이 축제처럼 조화를 이뤄요. 축 처진 여름 입맛을 깔끔하게 끌어올려주는, 차갑게 먹는 파스타죠.

재료 4인분

파스타 350g
방울토마토 100g
블랙올리브 100g
바질 페스토 50~80g
올리브오일 2~3큰술
굵은소금 약간

1 넉넉한 냄비에 물을 넣고 끓기 시작하면 굵은소금 1큰술을 넣고 파스타를 삶아요. 적당히 익은 파스타를 체에 밭쳐 찬물에 헹군 후 물기를 빼줍니다. 방울토마토는 꼭지를 떼고 반으로 잘라줍니다.

2 삶은 파스타를 바질 페스토로 버무린 후, 방울토마토와 블랙올리브를 넣고 섞어줍니다. 올리브오일을 두른 후 마지막으로 소금 또는 바질 페스토를 더해 간을 맞춰요.

• 바질소스(페스토) 만드는 방법은 131쪽을 참고하세요. 시판 페스토를 사용해도 돼요.

Pasta con crema di zafferano e pancetta

샤프란베이컨크림파스타

베이컨과 생크림의 조화는 그 맛이 쉽게 그려지죠. 하지만 여기에 샤프란의 부드러운 향기가 더해지면 색다른 깊은 풍미가 있는 파스타가 됩니다. 향신료 하나만 더했을 뿐인데도 그 차이는 굉장히 커요. 이런 게 바로 향신료의 힘이고 파스타의 매력이겠죠.

재료 4인분

파스타 350g
스펙(또는 베이컨) 80~90g
생크림 200g
샤프란 0.6g(2봉지)
실파 약간
샬롯 1개
올리브오일 2~3큰술
소금 약간

1 넉넉한 냄비에 물을 넣고 끓기 시작하면 소금 1큰술을 넣고 파스타를 삶아요. 프라이팬에 올리브오일을 두르고 다진 스펙과 샬롯을 2분 정도 볶아준 후 생크림을 넣어줍니다.

2 샤프란을 넣고 중불에서 3분 정도 더 끓여줍니다.

3 적당히 삶은 파스타를 ②의 프라이팬에 넣어 섞은 후 잘게 자른 실파를 올리면 완성입니다.

• 스펙은 자연 훈제한 이탈리아 햄입니다. 샬롯은 양파의 동생 격으로 보라색을 띠는 작은 양파예요. 조직이 얇고 수분이 적어요. 이탈리아에서는 스칼로뇨*scalogno* 라고 하죠. 일반 양파 ½개로 대체 가능합니다.

Pasta con broccoli e acciughe

브로콜리안초비파스타

브로콜리의 고소함과 안초비의 감칠맛이 어우러져 아이들에게 인기 좋은 파스타죠. 무엇보다도 간단한 재료로 쉽게 만들 수 있어 제가 좋아하는 착한 레시피 중 하나입니다. 브로콜리는 영양도 풍부해서 좋아요.

재료 4인분

브로콜리 500g
파스타 300g
올리브오일 2~3큰술
마늘 2쪽
페페론치노 1~2개
안초비 2조각
비프스톡 1개
소금 3g

1 넉넉한 냄비에 물을 넣어 끓기 시작하면 비프스톡 1개와 굵은소금 3g 정도를 넣고 파스타, 브로콜리를 넣어 끓입니다. 이때, 끓는 물에 브로콜리를 10분간 익힐 수 있게 시간을 잡으세요. 슈라는 4분 정도 끓이는 생파스타를 사용했기 때문에 브로콜리를 먼저 넣고 6분 후 파스타를 넣어 끓여 함께 건졌어요.

2 프라이팬에 올리브오일을 두르고 슬라이스한 마늘과 안초비, 페페론치노 1~2개를 넣고 마늘과 고추 향이 올라올 때까지 강한 불로 볶아줍니다.

3 ①의 파스타와 브로콜리가 다 익으면 건져 ②의 팬에 넣고 섞어줍니다. 이때 파스타를 끓였던 물 한 국자 정도를 넣어가며 볶아줍니다. 올리브오일을 살짝 뿌려 접시에 담아 냅니다.

Lasagna al pesto

바질소스라자냐

슈라의 이탈리아 친구들은 라자냐를 만들 때 모차렐라치즈를 빼고 요리하는 경우 많더라고요. 슈라도 요즘은 모차렐라를 넣지 않고 대신 베샤멜소스를 넣어 라자냐를 만들 때가 많죠. 쫀득한 치즈 맛은 없지만 대신 맛이 한결 부드러워집니다.

재료 4인분

바질소스 200g
(또는 바질 페스토)
파스타(라자냐) 250g
파르메산치즈 가루 100g

베샤멜소스
우유 500g
버터 50g
밀가루 50g
소금·후춧가루·넛멕 약간씩

1 넉넉한 냄비에 물을 넣고 끓기 시작하면 소금 1큰술을 넣어 파스타를 삶아요. 베샤멜소스를 준비합니다. 냄비에 분량의 버터와 밀가루를 넣어 볶아준 후 따뜻하게 데워 놓은 우유를 넣고 섞어줍니다. 밀가루가 뭉치지 않도록 잘 섞어준 후 크림 상태가 되면 소금, 후춧가루, 넛멕을 넣고 불에서 내려줍니다.

2 라자냐 용기 밑면에 베샤멜소스를 바르고 삶은 파스타-바질소스-치즈가루-베샤멜소스 순으로 반복해 겹겹이 쌓아줍니다. 저는 5겹으로 만들었어요.

3 제일 위에는 바질소스를 빼고 베샤멜소스와 치즈 가루만 뿌렸어요. 200도로 예열한 오븐에 20~25분 구워주세요.

• 바질소스(페스토) 만드는 방법은 131쪽을 참고하세요. 시판 페스토를 사용해도 돼요.

Spaghetti alla bottarga e cipollotti

보타르가파스파게티

파스타에 빵가루가 들어가는 것이 좀 생소하게 느껴질 수도 있지만 가정식에서 자주 볼 수 있는 레시피예요. 식탁에 늘 빵이 오르는 문화이다 보니 남은 빵을 처리하려고 했나 싶기도 하고요. 남은 밥 처리 요리처럼 말이죠. 집에서 쉽게 구할 수 있는 마른 빵이지만 갈아서 볶아 넣은 빵가루가 매력적인 고소함을 전해줍니다. 훈제한 숭어 알 보타르가와 빵가루로 식감은 재미있고 심플한 뒷맛이 남는 멋진 스파게티입니다.

재료 4인분

스파게티 350g
대파 2대
빵가루 40g
보타르가 25~30g
소금·후춧가루 약간
올리브오일 2~3큰술

1 넉넉한 냄비에 물을 넣고 끓기 시작하면 소금 1큰술을 넣어 스파게티를 삶아요. 믹서로 갈아 만든 빵가루를 마른 프라이팬에 3분 정도 볶아 접시에 따로 둡니다.

2 빵가루를 볶았던 프라이팬에 올리브오일을 두르고 세로로 길게 자른 대파를 3분 정도 볶아줍니다.

3 적당히 익힌 스파게티를 ②의 팬에 넣고 30초 정도 섞어줍니다. 이때 스파게티 삶은 물 3큰술 정도를 넣어주세요. 불에서 내려 볶아놓은 빵가루와 갈아놓은 보타르가를 넣고 후춧가루를 살짝 뿌려줍니다.

• 보타르가는 생선 알을 알 주머니째로 훈제해 만든 지중해 음식입니다.

Spaghetti all'amatriciana

아마트리치아나

일반 스파게티보다 굵고 가운데 심 부분에 구멍이 나 있는 부카티니 면으로 먹어야 제맛이 나는 아마트리치아나 스파게티예요. '아마트리체'라는 작은 동네명이 이름으로 붙은 이 스파게티는 처음엔 토마토를 넣지 않고 카르보나라처럼 하얗게 먹었다고 해요. 토마토를 넣어 먹으면서 더 유명해졌는데 고추와 돼지기름, 토마토의 어우러짐이 한국인 입맛에도 딱 맞죠. 18세기에는 남자가 한 번에 먹는 파스타 양이 300g이었다는데, 이 스파게티라면 그 정도 양이 많게 느껴지지 않을 만큼 식욕을 부르는 스파게티입니다.

재료 4인분

스파게티(부카티니) 350g
구안치알레 80g
양젖치즈 50g
홀 토마토 300g
양파(중간 크기) $\frac{1}{2}$개
페페론치노 1개
올리브오일 2~3큰술
소금·후춧가루 약간
양젖치즈 가루 약간
(또는 파르미자노치즈
또는 파다노치즈 가루)

1 넉넉한 크기의 냄비에 물을 넣고 끓기 시작하면 굵은소금 1큰술을 넣고 스파게티를 삶아요. 프라이팬에 올리브오일를 두르고 잘게 자른 구안치알레와 양파, 페페론치노를 넣고 볶아줍니다.

2 ①의 팬에 홀 토마토를 넣고 30분 정도 중불에서 끓인 후 취향에 따라 소금·후춧가루 간을 합니다.

3 적당히 익힌 스파게티를 ②의 팬에 합친 후 30초 정도 볶아줍니다. 이때 스파게티 삶은 물 반 국자 정도를 넣어 볶으면 면과 소스가 잘 버무려지죠. 불에서 내려 치즈 가루를 뿌려 마무리합니다.

- 구안치알레*Guanciale*는 돼지고기 볼살을 소금에 절여 훈제한 햄의 일종입니다.

Pasta alla siciliana

시칠리안바질소스파스타

바질이 주는 진한 향기와 토마토의 깔끔함, 리코타의 부드러움이 담겨 있는 시칠리안바질소스입니다. 일반 스파게티 면은 물론이고 넓적한 페투치니와도 잘 어울리는 소스예요. 슈라는 나선 모양의 파스타인 푸실리를 이용해 봤어요. 지중해의 작열하는 태양빛과 이탈리아의 바닷바람, 그 진한 향기가 그대로 느껴지는 매력적인 파스타입니다.

재료 4인분

시칠리안바질소스(3~4인분)
바질 1컵(20~25g)
토마토 350g
잣 30g
리코타치즈 100g
파르메산치즈 80g
올리브오일 100g
마늘 1쪽
소금·후춧가루 약간

파스타 또는 스파게티 350g

1 토마토는 꼭지를 떼내고 아랫부분에 십자가로 칼집을 내어 끓는 물에 30초 정도 데친 후 껍질을 벗겨 잘게 잘라놓습니다.

2 바질은 깨끗이 씻어 물기를 닦아주고, 잣은 프라이팬에 살짝 볶아두세요.

3 소스 재료를 전부 믹서에 넣고 잘게 갈아줍니다.

4 적당히 익힌 파스타나 스파게티에 완성한 ③의 소스를 버무려 드시면 됩니다.

• 소스는 만들어 바로 먹는 것이 좋고, 냉장 보관을 할 경우 소독한 유리병에 소스를 붓고 윗면에 올리브오일을 넣어 공기와 차단한 상태로 2~3일 정도 보관합니다.

Fregola sarda

프레굴라

10년 만에 만나도 반갑게 맞아주는 이탈리아 친구가 있어요. 사르데냐가 고향인 이 친구는 만날 때마다 꼭 집에서 식사 대접을 해주죠. 그중 제 입맛을 사로잡은 음식이 있었으니 바로 사르데냐 섬을 대표하는 파스타 '프레굴라'였어요. 아랍에서 먹는 쿠스쿠스처럼(쿠스쿠스보다는 좀 큽니다) 작은 곡물 모양의 파스타로, 반죽을 굵은 체에 내려가며 만든답니다. 사르데냐 섬의 특산물이죠. 이 지역을 여행할 기회가 생긴다면 꼭 드셔 보세요. 씹을수록 누룽지 같은 구수한 맛이 나고 해물도 들어가 있어 한국인 입맛에 친숙해요.

재료 4인분

파스타(프레굴라) 200g
홍합 500g
조개 500g
페페론치노(작은 것) 1개
화이트와인 $\frac{1}{2}$컵
마늘 2쪽
올리브오일 1큰술
토마토소스 50g
프레제몰로(또는 실파) 약간
소금·후춧가루 약간

1 냄비에 화이트와인, 마늘 1쪽, 반으로 자른 페페론치노, 조개와 홍합을 넣고 끓여 익힌 후 조개와 홍합은 먹기 좋게 살만 발라놓고 국물은 체에 밭쳐 모래를 걸러냅니다.

2 넉넉한 크기의 팬에 올리브오일을 두르고 다진 프레제몰로와 다진 마늘을 넣고 볶은 후 토마토소스와 프레굴라를 넣어줍니다.

3 ②의 팬에 따로 받아놓은 조개 육수를 부어가며 익힙니다. 20분 정도 약한 불에서 잘 저어가며 익혀주면 됩니다. 만약 육수가 모자라면 물을 넣어주세요. 마지막 간을 하고 후춧가루를 뿌려 마무리합니다. 접시에 담고 조금 남겨둔 프레제몰로를 뿌리거나 실파를 다져넣어도 좋아요.

• 프레제몰로는 이탈리아 파슬리입니다. 다양한 요리에 뿌려 먹어요.

Pasta alla crema di zafferano

샤프란크림파스타

샤프란은 그 꽃이 피는 10~11월 사이 짧은 기간에 채취 작업을 하는데 1g을 모으기 위해 암술 500개 정도를 따서 말려야 해요. 고된 수작업이 필요하기 때문에 세상에서 가장 비싼 향신료로도 유명합니다. 샤프란은 한 봉지에 0.3~0.5g 정도가 들어 있는데, 적은 양으로도 충분히 신비로운 향과 화사한 노란색을 내줍니다. 샤프란 향이 리코타치즈의 부드러움을 만나 접시 위에 봄을 그려내는 크림파스타입니다.

재료 4인분

파스타 300g
리코타치즈 100g
양파 ½개
샤프란 가루 0.5g(1봉지)
파르메산치즈 가루 3~4큰술
물 ½컵
소금·올리브오일 약간

1 넉넉한 냄비에 물을 넣고 끓기 시작하면 소금 1큰술을 넣어 파스타를 정확한 시간(파스타 종류마다 포장지에 적혀 있어요) 동안만 삶아요.

2 프라이팬에 올리브오일을 두르고 다진 양파를 넣어 볶은 후 리코타치즈와 샤프란 가루, 물 ½컵을 넣고 섞어줍니다. 2~3분 정도 약불에서 끓인 후 치즈 가루를 뿌려줍니다.

3 적당히 익힌 파스타를 ②에 넣고 버무려줍니다.

Spaghetti con carciofi e vongole

아티초크봉골레스파게티

억척스러운 모습을 하고 있는 아티초크이지만, 살짝 씹히는 식감과 고소한 맛이 조개와 잘 어우러지죠. 우리가 이미 알고 있는 봉골레스파게티와는 풍미가 또 다른 메뉴입니다.

재료 4인분

조개 1kg
스파게티 350g
아티초크 3~4개
마늘 2~3쪽
올리브오일 2~3큰술
고춧가루(페페론치노 가루) 약간
소금·후춧가루 약간

1 넉넉한 냄비에 물을 넣고 끓기 시작하면 굵은소금 1큰술을 넣고 스파게티를 넣어 삶아요(포장지에 적힌 시간보다 1분 정도 덜 끓입니다). 해감한 조개를 프라이팬에 오일이나 물 없이 그냥 볶습니다. 볶은 조개를 건지고 조개 육수는 모래나 뻘이 없도록 깨끗하게 따라 분리해 놓습니다.

2 다른 프라이팬에 올리브오일을 두르고 슬라이스한 마늘을 볶은 후 잘 다듬어 잘라놓은 아티초크를 볶아줍니다(아티초크 손질은 129쪽 과정1, 2 참고).

3 익힌 조개를 ②의 프라이팬에 섞은 후 삶은 스파게티도 넣어요. 분리해 놓은 조개 육수를 조금씩 넣어가며 1분 정도 볶아줍니다. 취향에 따라 고춧가루(페페론치노 가루)나 후춧가루를 뿌려 드세요.

• 조개는 종류 상관없이 구하기 편한 것으로 쓰면 돼요.

Pasta con patate e nduja

은두야감자파스타

은두야소스는 돼지고기 햄과 매운 고추 맛이 합쳐진 따끔한 맛이 매력적이죠. 이탈리아 남부 지역인 칼라브리아 출신의 소스예요. 빵에도 올려 먹고 피자에도 한 스푼, 파스타에도 한 스푼 올려 먹으면 칼라브리아의 여름 햇빛처럼 정열적인 맛을 느낄 수 있어요.

재료 4인분

파스타 350g
감자 2개
은두야소스 1큰술(30g)
선드라이드 토마토 50g
슬라이스 아몬드 약간
올리브오일 약간
바질·소금·후춧가루 약간

1 넉넉한 큰 냄비에 물을 넣고 끓기 시작하면 소금 1큰술을 넣고 파스타를 삶아요. 이때 감자는 껍질을 벗겨 사각으로 자른 후 파스타와 함께 넣어 익힙니다(10~12분 정도 기준). 슬라이스 아몬드는 프라이팬에 살짝 볶아주세요.

2 선드라이드 토마토는 보통 올리브오일에 담겨 시판되는데 토마토만 건져 잘게 잘라요. 올리브오일을 살짝 두른 프라이팬에 은두야소스와 물 1큰술, 자른 토마토를 넣고 2~3분 정도 끓입니다.

3 감자와 파스타가 적당히 익으면 건져 ②의 소스 팬에 합쳐 비벼줍니다. 이때 파스타 끓인 물 1~2큰술을 넣어가며 적당히 윤기 있도록 묽기를 맞춰줍니다. 파스타를 완성 접시에 담고 바질 한두 장, 슬라이스 아몬드를 올려 내면 좋습니다.

• 은두야*nduja*는 돼지고기로 만든 살라미(이탈리아 햄의 일종) 반죽에 붉은 고추를 더하여 걸쭉한 스타일로 만든 시판 소스입니다. 빵에 발라 먹기도 하고, 소스에 넣어 매운 감칠맛을 끌어낼 때 사용하기도 합니다.

Spaghetti con carciofi cacio e pepe

아티초크소금후추스파게티

아티초크는 봄을 대표하는 이탈리아의 채소지만, 채소 코너가 아니라 꽃집이 더 잘 어울리는 외모죠. 유전자 변형으로 탄생한 개량 꽃인가 생각할 정도로 생소한 모양을 지니고 있어요. 빳빳한 꽃잎을 반 이상 벗겨내고 꽃술을 떼어내는 등 손질 과정이 번거롭지만 식감이 좋아 봄이 오면 자주 먹게 되죠. 이탈리아어로는 카르초피라고 해요.

재료 4인분

스파게티 350g
아티초크 4~5개
올리브오일 2~3큰술
양젖치즈 100g
후춧가루·소금 약간
다진 프레제몰로 1작은술
소금 약간
올리브오일 2~3큰술
레몬 $\frac{1}{2}$개

1 넉넉한 냄비에 물을 넣고 끓기 시작하면 굵은소금 1큰술을 넣고 스파게티를 넣고 삶아요. 아티초크를 다듬어줍니다. 거친 겉잎을 뜯어내고 안쪽의 연한 부분이 드러나기 시작하면 윗부분을 $\frac{1}{3}$ 정도 잘라내요. 다시 세로로 반으로 잘라줍니다.

2 아티초크 밑동을 손질하고 안쪽의 꽃술을 파낸 후 잘게 잘라줍니다. 아티초크는 공기와 접하면 쉽게 색이 변해요. 변색을 막기 위해 물에 레몬을 짠 후 아티초크를 잠시 담가둡니다.

3 양젖치즈를 볼에 담고 끓는 물 $\frac{1}{2}$컵 정도를 넣고 풀어둡니다. 이때 후춧가루도 함께 넣어 섞어주세요.

4 프라이팬에 올리브오일을 두르고 아티초크를 볶아줍니다.

5 적당히 익은 스파게티를 건져 ④의 프라이팬에 넣고, ③의 풀어놓은 치즈도 넣어 섞어줍니다.

• 프레제몰로는 이탈리아 파슬리입니다. 다양한 요리에 뿌려 먹어요.

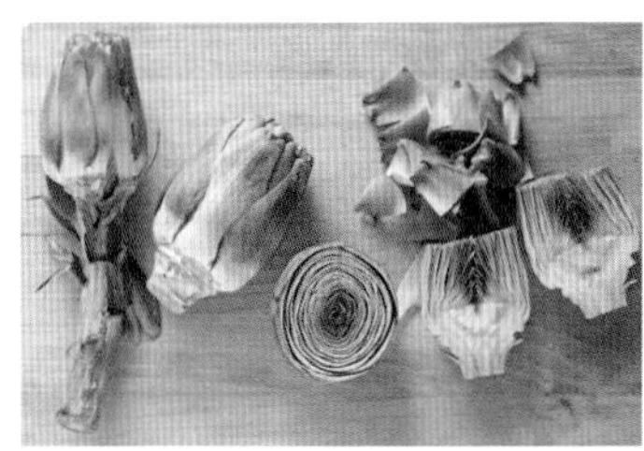

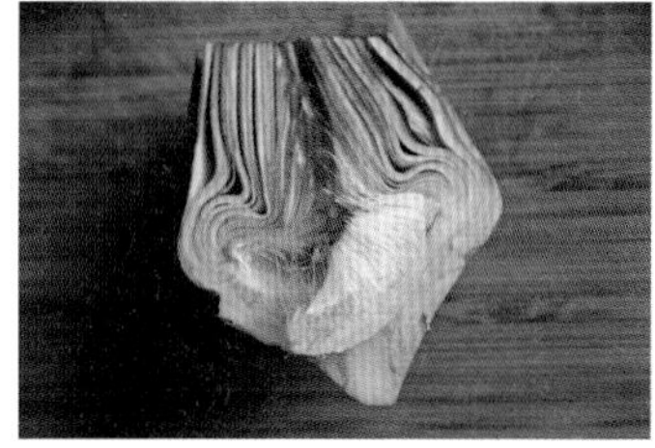

Pasta al pesto con fagiolini e patate

바질소스파스타

바질소스는 이젠 한국에서도 쉽게 만날 수 있죠. 바질소스만으로도 충분히 맛있는 파스타를 만들 수 있지만, 함께 넣는 재료로 변화를 주어 여러 가지 느낌의 파스타로 완성할 수 있어요. 감자와 그린빈스를 넣은 바질소스파스타는 이탈리아 가정에서 흔히 먹는 여름 별식입니다.

재료 4인분

바질소스
바질 50g
잣 50g
파르메산치즈 50g
소금 3g
올리브오일 100ml

파스타 350g
감자(중간 크기) 3개
그린빈스 250g
올리브오일 약간
소금 약간

1 먼저 바질소스를 만들어요. 물기 없이 잘 씻은 바질과 모든 바질소스 재료를 믹서에 넣고 갈아주면 완성입니다.

2 넉넉한 냄비에 물을 넣고 끓기 시작하면 소금 2큰술을 넣어 적당히 다듬어 자른 감자와 그린빈스, 파스타를 한꺼번에 넣어 익힙니다. 이때 손가락 굵기 정도로 자른 감자와 그린빈스를 10분 정도 익힌다 생각하고 파스타 삶는 시간에 맞춰 같이 넣을지, 시간차를 두고 나중에 넣을지 조절하세요. 다 익은 후 재료들을 한꺼번에 건지는 게 편리합니다.

3 ②의 파스타와 감자, 그린빈스가 익으면 체에 부어 물기를 빼준 후, 바질소스 4큰술을 넣어 비벼줍니다.

Pasta alle vongole

홍합파스타

봉골레파스타보다 더 만만한 국민 파스타! 바로 홍합파스타입니다. 조개 가격이 비싼 탓에 슈라는 좀 더 저렴한 홍합으로 요리를 자주 하는 편이죠. 일반 조개와는 조금 다른 풍미가 있는데, 홍합이 주는 친근한 맛이 서민적으로 느껴지는 파스타입니다.

재료 4인분

파스타 350g
홍합 1kg
브로콜리 1송이(800g)
마늘 2쪽
소금 · 후춧가루 약간
올리브오일 약간
페페론치노 1개

1 넉넉한 냄비에 물을 넣고 끓기 시작하면 소금 1큰술과 파스타를 넣고 끓입니다. 기본 삶는 시간보다 2~3분 정도 덜 삶아줍니다.

2 또 다른 냄비에 올리브오일과 슬라이스한 마늘 1쪽을 넣고 홍합을 넣어 홍합 입이 열릴 때까지 살짝만 익힙니다. 이때 홍합에서 나온 물은 버리지 마세요.

3 브로콜리를 다듬어 적당한 크기로 썬 후 프라이팬에 올리브오일과 페페론치노, 슬라이스한 마늘 1쪽과 함께 넣고 3분 정도 볶아줍니다(이때 브로콜리가 팬에 붙는다 싶으면 물 1~2큰술을 넣어주며 볶습니다).

4 2~3분 정도 덜 삶은 파스타를 ③의 팬에 넣고 ②의 홍합도 건져 합친 후, 홍합 삶았던 물을 넣어가며 3분 정도 더 익힙니다(3~4국자 정도 들어갑니다). 후춧가루를 넣고, 올리브오일을 살짝 두른 후 마무리합니다.

• 싱싱한 해물을 사용할 경우 와인을 넣지 않아도 괜찮지만, 와인 향이 그리우시거나 혹은 홍합의 신선도가 살짝 의심된다면 홍합을 익힐 때 화이트와인 1큰술을 넣어도 좋아요.

Pasta allo sgombro sott'olio

고등어파스타

이탈리아 사람들도 고등어를 먹는답니다. 우리나라처럼 고등어 통조림까지 시판되고 있어요. 고등어 통조림은 묵은지와 함께 조려 먹는 것이란 선입견이 있어서인지, 처음엔 슈라도 깜짝 놀랐죠. 어찌 감당하려고 고등어 통조림으로 파스타를 만들었을까 아찔했답니다. 먹어봤더니 웬걸요, 담백하고 깔끔한 맛이 선입견과는 전혀 다른 평범한 가정식 중 하나였답니다.

재료 4인분

파스타 350g
통조림 고등어 120g
(물을 뺀 무게)
방울토마토 20개
양파 ½개
케이퍼 2작은술
바질 약간
소금·올리브오일 약간

1 넉넉한 냄비에 물을 넣고 끓기 시작하면 굵은소금 1큰술을 넣고 파스타를 삶아요. 양파는 얇게 편으로 자르고 방울토마토는 씻어 반으로 잘라놓고, 통조림 고등어는 물을 빼놓습니다.

2 넉넉한 프라이팬에 올리브오일을 두르고 양파와 방울토마토, 고등어를 볶아줍니다. 2분 정도 중불에서 볶다가 케이퍼를 넣어줍니다.

3 적당히 익은 파스타를 ②의 팬에 넣고 섞어요. 파스타를 삶은 물도 2~3큰술 넣어주세요. 바질을 잘게 잘라 올리고 올리브오일을 살짝 둘러 마무리합니다.

Pasta e ricotta

리코타파스타

한국에서도 리코타치즈는 이제 쉽게 구할 수 있죠? 리코타치즈만 있으면 간단하게 만들 수 있는 리코타파스타입니다. 신맛이 감도는 홈메이드 리코타는 샐러드용으로 사용하면 좋고요, 슈라가 소개하는 리코타파스타에는 시판 리코타를 사용하시기를 권합니다. 부드러움과 고소함이 더 진하게 느껴지거든요.

재료 4인분

파스타 350g
리코타치즈 250g
우유 100g
파르메산치즈 70g
다진 양파 1큰술
소금·후춧가루 약간
타임(생략 가능) 1줄기
올리브오일 2큰술

1 넉넉한 냄비에 물을 넣고 끓기 시작하면 굵은소금 1큰술을 넣고 파스타를 삶아요. 프라이팬에 올리브오일을 두르고 다진 양파를 넣어 투명한 색이 나도록 볶아줍니다.

2 ①의 팬에 리코타치즈와 파르메산치즈, 우유, 타임을 넣고 1분 정도 중불에서 섞어주며 끓여 소스를 완성합니다.

3 완성한 소스에 적당히 익힌 파스타를 넣고 섞어 30초 정도 볶은 후 후춧가루를 뿌리고, 취향에 따라 소금 간을 더하면 됩니다.

Spaghetti alla puttanesca

푸타네스카스파게티

'푸타네스카'스파게티는 '매춘부*puttanesca*'라는 다소 거북한 뜻을 가지고 있어요. 식당에 들어온 손님이 너무 배가 고파서 아무거나 '던져 넣고 *buttare*' 빨리 만들어 달라는 데서 유래했다고도 해요. 아무튼 이 스파게티는 토마토와 안초비, 올리브, 케이퍼, 마늘 등 이탈리아 남부에서 쉽게 구할 수 있는 재료로 만든 간단한 요리인데, 먹어 본 사람이라면 절대 잊을 수 없는 매력 넘치는 스파게티예요. 슈라의 쿠킹 클래스 첫 번째 메뉴로 늘 선정되는, 제 인생의 레시피입니다.

재료 4인분

스파게티 350g
홀 토마토 400g
안초비 4~5조각
올리브 10개
케이퍼 1~2작은술
마늘 1~2쪽
페페론치노 1개
소금 약간
프레제몰로 약간
올리브오일 2~3큰술

1 넉넉한 냄비에 물을 넣고 끓기 시작하면 굵은소금 1큰술을 넣고 스파게티를 삶아요. 프라이팬에 올리브오일을 두르고 슬라이스한 마늘과 페페론치노를 볶은 후 안초비, 올리브, 케이퍼를 넣고 30초 정도 더 볶아줍니다.

2 ①의 팬에 홀 토마토를 넣고 15분 정도 중불에서 끓입니다. 취향에 따라 소금 간을 한 후 프레제몰로를 다져넣어 소스를 마무리합니다.

3 완성한 소스를 강한 불에 올리고 적당히 익은 스파게티를 넣고 섞으며 재빠르게 볶아냅니다. 이때 스파게티 삶은 물을 1~2큰술 정도 넣어주면 소스와 면이 잘 어우러집니다.

• 프레제몰로는 이탈리아 파슬리입니다. 다양한 요리에 뿌려 먹어요.

Spaghetti ai porcini

포르치니스파게티

이탈리아의 가을이 기다려지는 이유는 낙엽 밟는 소리가 그리워서가 아닙니다. 바로 포르치니의 감미로운 향이 우리 집 식탁을 아름답게 채워주기 때문입니다. 포르치니는 수많은 버섯 중에서 트러플 정도를 제외한다면 가장 맛있기로 소문난 품종이에요. 가을에 이탈리아를 방문하게 된다면 꼭 진한 향이 살아 있는 포르치니 요리를 드셔보세요. 스파게티, 리소토는 물론 고기에 곁들임 요리로, 옥수수로 만든 폴렌타와 함께 즐길 수 있는 요리입니다.

재료 4인분

포르치니 400g
스파게티 350g
마늘 1쪽
올리브오일 약간
소금·후춧가루 약간
프레제몰로 약간

1 넉넉한 냄비에 물을 넣고 끓기 시작하면 굵은소금 1큰술을 넣고 스파게티를 삶아요. 포르치니는 흙이 많이 묻어 있어 다듬은 후 잘 씻어줘야 합니다. 씻다가 아주 작은 벌레가 나오는 경우도 있는데 이럴 땐 버섯을 자른 후 잠시 그대로 펼쳐놓으면 없어져요(도망갑니다).

2 넉넉한 프라이팬에 올리브오일을 두르고, 얇게 편으로 자른 마늘을 볶은 후 잘라둔 버섯을 넣어 볶아줍니다. 이때 소금 간을 하고 5분 정도 중불에서 볶아주세요.

3 ②의 팬에 적당히 익은 스파게티를 넣고 30초 정도 센 불에서 비벼줍니다. 이때 스파게티 삶은 물 반 국자 정도를 넣어요. 후춧가루와 소금으로 마지막 간을 하고 프레제몰로를 뿌려 마무리합니다.

• 프레제몰로는 이탈리아 파슬리입니다. 다양한 요리에 뿌려 먹어요.

Pasta con crema di zucca

호박크림파스타

만들 때마다 색다른 느낌을 주는 재미있는 레시피의 파스타예요. 겨울엔 부드러운 크림 파스타 스타일, 여름엔 산뜻한 샐러드 스타일로 만들어 즐겨보세요. 식감이 다르니, 맛 역시도 달라지겠죠?

재료 4인분

파스타 350g
애호박 2개
새우 300g
마늘 2쪽
다진 프레제몰로 1작은술
올리브오일 2~3큰술
소금·후춧가루 약간

1 넉넉한 냄비에 물을 넣고 끓기 시작하면 굵은소금 1큰술을 넣고 파스타를 삶아요. 애호박은 잘 씻어 채를 쳐줍니다. 이때 아주 얇게 채를 치면 호박이 뭉근히 볶아져 형체가 없어지면서 크림 상태가 되고요, 적당히 가늘고 넓게 잘라 센 불에 빠르게 볶아내면 샐러드 스타일의 파스타가 되죠(슈라는 크림 파스타 스타일로 얇게 채 쳤어요).

2 팬에 올리브오일을 두르고 애호박과 새우를 볶아주세요. 이때 소금 간을 하세요(매운맛을 살짝 즐기고 싶다면 이때 페페론치노 1개 정도를 반으로 잘라 넣습니다).

3 ②의 팬에 적당히 익은 파스타를 넣고 30초 정도 더 볶은 후 후춧가루와 다진 프레제몰로를 뿌려 냅니다.

- 프레제몰로는 이탈리아 파슬리입니다. 다양한 요리에 뿌려 먹어요.

Spaghetti con salame e fave

살라미 콩크림스파게티

짠맛이 강한 살라미 햄은 빵과 치즈와 함께 먹는 것이 일반적이에요. 진하게 퍼지는 살라미의 꼬릿한 향이 기분 좋은 냄새는 아니지만 중독성 짙게 끌리는 맛이 있죠. 카르보나라 스타일로 만든 살라미 콩크림스파게티는 진한 살라미의 맛과 부드럽고 고소한 콩의 궁합이 딱 맞아떨어집니다.

재료 4인분

파베 콩 1kg
스파게티 350g
살라미 120g
달걀 4개
양젖치즈 100g
소금·후춧가루 약간
올리브오일 2큰술

1 넉넉한 냄비에 물을 넣고 끓기 시작하면 소금 1큰술을 넣고 껍질을 벗긴 파베 콩과 스파게티를 넣고 끓입니다(슈라는 10분간 끓이는 스파게티를 사용했어요).

2 볼에 달걀노른자와 양젖치즈 간 것을 넣고 섞어요. 파스타 끓이는 물(뜨거운 물)을 한 스푼씩 4번을 나눠 넣어가며 빠르게 섞어줍니다.

3 프라이팬에 올리브오일을 두르고 얇고 잘게 자른 살라미를 볶아줍니다. 스파게티와 콩이 익었으면 체에 밭쳐 물기를 뺀 후 살라미(기름까지 그대로) 팬에 넣고 30초 정도 불 위에서 섞어줍니다.

4 ③의 팬에 달걀과 치즈 섞은 것을 넣고 빠르게 섞어줍니다. 뭉치지 않고 스파게티에 잘 스며들도록 섞어야 해요(좀 더 소스가 걸쭉해지게 만들고 싶다면 스파게티 삶은 물 반 국자 정도를 넣어주세요). 소금과 후춧가루를 뿌려 마무리합니다.

• 이탈리아 파베 *fave* 콩은 한국에서는 누에콩 또는 잠두콩이라 불려요.

Pizzoccheri

메밀파스타 피초케리

한국의 겨울 별미로 메밀묵이 있는 것처럼 이탈리아의 겨울 별미를 꼽으라 하면 메밀가루로 만든 피초케리가 있지요. 치즈 범벅의 느끼한 파스타를 싫어하는 슈라의 고정관념을 깨버린 아주 환상적인 조합의 메밀파스타랍니다. 이탈리아 생활 초기엔 이곳 북부 사람들이 즐기는 파스타의 구수하고 끈적이는 깊은 맛을 알지 못했지만 20년 밀라노 생활을 하다 보니 달라지더군요. 피초케리가 선사하는 따뜻하고 달콤한 맛 때문에 겨울이 기다려지곤 합니다.

재료 4인분

생메밀파스타 400g
감자(중간 크기) 2~3개
라테리아치즈 150g
발텔리나 카제라치즈 150g
양배추 500g
파다노치즈 가루 80~100g
(또는 파르미자노치즈 가루)
살비아 잎 4~5장
버터 30g
마늘 2쪽
소금 약간

1 먼저 넉넉한 냄비에 물을 넣고 끓여줍니다. 양배추는 깨끗이 씻어 5cm 정도 크기로 대충 잘라 놓고 감자도 3cm 크기로 자릅니다. 물이 끓으면 굵은소금 2큰술을 넣고 양배추와 감자, 파스타를 넣고 13분 정도 끓여줍니다.

2 준비한 치즈를 잘게 잘라 놓습니다.

3 파스타가 익으면 파스타와 채소들은 체에 걸러 물기를 빼두고, 그 냄비에 그대로 버터와 슬라이스한 마늘, 살비아 잎을 넣고 볶아요(볶은 후 마늘과 살비아 잎은 건져내도 좋습니다). 물기를 빼둔 파스타, 양배추, 감자를 넣고 섞은 후, 잘라놓은 치즈를 넣어 잘 섞어줍니다. 이때 갈아놓은 파다노치즈 가루도 넣습니다.

• 슈라는 라테리아*latteria*치즈와 발텔리나 카제라*Valtellina Casera*치즈를 섞어서 사용했어요. 이 두 가지는 이탈리아 북쪽에 위치한 발텔리나 지방의 치즈로, 피초케리에 대표적으로 넣는 치즈입니다. 산 지역에서 신선한 풀을 먹고 자란 소의 우유로 만드는 치즈라 풍미가 가볍고 신선합니다.

•• 살비아는 샐비어, 사루비아라고도 부르는데 지중해 지역에서 많이 사용하는 허브입니다. 민트 향처럼 강한 매력이 있는데 그보다 더 짙고, 야생적인 향이죠.

Pasta con crema di noci

호두크림파스타

'호두'란 재료가 들어간 만큼 고소함이 진하게 느껴지는 스파게티예요. 생크림을 넣어 만든 고소함과는 또 다른 맛이죠. 호두와 우유를 넣어 고소하지만 또 깔끔함이 느껴지는 파스타예요. 먹고 나면 진한 콩국수 한 그릇 먹고 난 것처럼 충전이 된답니다.

재료 4인분

스파게티 350g
호두 250g
마른 빵 40g
우유 200ml
파르메산치즈 60g
올리브오일 20g
소금·후춧가루 약간
마늘(취향에 따라) $\frac{1}{2}$쪽

1 넉넉한 냄비에 물을 넣고 끓기 시작하면 굵은소금 1큰술을 넣고 스파게티를 삶아요. 호두는 끓는 물에 5분 정도 삶아 물기를 빼줍니다. 마른 빵은 우유에 5분 정도 담가둡니다.

2 믹서에 우유에 적신 빵과 우유, 호두, 파르메산치즈, 올리브오일, 소금, 후춧가루를 넣고 크림 상태가 되도록 갈아줍니다. 마늘을 넣을 경우 이때 함께 넣어주세요.

3 적당히 익은 스파게티에 ②의 크림을 넣고 잘 섞어줍니다. 스파게티 끓인 물 1큰술 정도 넣어 부드럽게 농도를 맞춰 비벼주면 됩니다.

Lasagna con spinaci

시금치라자냐

일반 가정에서 라자냐는 손이 많이 가는 요리로 통하죠. 고기 소스를 1시간 이상 졸여야 하고 파스타를 따로 삶고 베샤멜소스까지 만들어 파스타 한 장마다 소스를 바르는 작업까지…. 큰맘 먹고 만들어 명절, 가족 모임에나 먹는 요리가 되었죠. 이런 인식을 깨버린 심플한 라자냐를 하나 소개합니다. 워킹맘인 마리안나가 알려준 간단한 방법의 시금치라자냐예요. 냉동 시금치를 사용하는 친구와 달리 슈라는 싱싱한 시금치를 삶아 사용하지만요.

재료 4인분

라자냐 8장
시금치 500g
리코타치즈 250g
치즈 가루 100g
(파르메산 또는 파다노)
우유 1컵
모차렐라치즈 250g
(또는 피자용 치즈)
소금 약간
올리브오일 약간

1 슈라는 삶지 않고 오븐에 바로 넣을 수 있는 생파스타를 사용했는데 건 파스타를 사용한다면 끓는 물에 먼저 삶아주세요. 시금치는 잘 씻어 자른 후 끓는 물에 굵은소금 2g 정도를 넣고 5분쯤 삶아 건져 물기를 짜줍니다.

2 시금치 소스를 만듭니다. 시금치와 치즈 가루, 리코타치즈, 우유, 소금을 넣고 핸드블렌더로 갈아줍니다.

3 라자냐용 오븐 용기에 올리브오일을 살짝 두르고 파스타를 깔아요. 그 위에 시금치 소스를 한두 스푼 골고루 펴 바른 후 그 위에 파스타, 다시 시금치 소스 순으로 올려요. 4층 정도가 적당한데 취향에 따라 두께를 조절하세요(우리 집 식구들은 얇은 겹이 많은 스타일의 라자냐를 좋아합니다).

4 제일 위에 모차렐라치즈를 잘라 올리고 200도로 예열한 오븐에서 20분 정도 구워줍니다.

Pasta di tonno

참치파스타

참치 통조림이 반찬 없을 때 효자 노릇을 하는 건 이탈리아에서도 마찬가지랍니다. 급하면 파스타에 넣고 비벼 먹고, 샐러드에도 넣어 먹고 마요네즈에 버무려 샌드위치 소로도 사용하죠. 우리 집에서는 단연 파스타로 요리되는 경우가 많아요. 이탈리아에서 좀 살아 봤다 하는 한국 사람들이 흔히 요리하는 만만한 레시피이기도 합니다.

재료 4인분

스파게티 350g
통조림 참치 180g
샬롯 1개
블랙올리브 1병(120g)
케이퍼 2큰술
방울토마토 10개
소금 약간
올리브오일 2큰술
다진 프레제몰로 1작은술

1 넉넉한 냄비에 물을 넣고 끓기 시작하면 굵은소금 1큰술을 넣고 스파게티를 삶아요.

2 잘게 다진 샬롯과 통조림 참치(기름도 함께)를 프라이팬에 넣어 1분 정도 볶아줍니다. 물기를 뺀 블랙올리브와 케이퍼, 반으로 자른 방울토마토도 팬에 넣고 3분 정도 더 졸여줍니다.

3 적당히 익은 스파게티를 건져 ②에 섞어줍니다. 이때 스파게티 삶은 물을 2~3큰술 넣고 올리브오일을 살짝 뿌려 불에서 내려요. 잘게 다진 프레제몰로를 뿌려 접시에 담아줍니다.

• 샬롯(스칼로뇨)은 양파의 동생 격으로 작고 조직이 얇고 수분이 적어요. 양파 $\frac{1}{2}$개로 충분히 대체 가능합니다. 블랙올리브는 짜지 않은 것으로 준비합니다. 보통 병에 물과 함께 담아 판매하는 것이 덜 짜요.

•• 프레제몰로는 이탈리아 파슬리입니다. 다양한 요리에 뿌려 먹어요.

Spaghetti alla carbonara

카르보나라

카르보나라에 대해선 다양한 탄생설이 있죠. 광부들이 광부촌에서 처음 만들어 먹었다는 이야기도 있고, 미군들이 만들어낸 오리지널 미국 음식이라는 설도 있어요. 19세기 사람들의 입맛을 사로잡았던 카르보나라는 귀한 올리브오일 대신 돼지기름에 달걀과 질 낮은 치즈를 넣어 볶은 것으로, 서민들의 몸과 마음을 행복하게 충전시켜줬죠. 21세기를 사는 슈라에게까지 레시피가 내려와 여러분께 나눠 드릴 수 있어 감사할 따름입니다.

재료 4인분

스파게티 350g
구안치알레(또는 베이컨) 150g
달걀노른자 4개
올리브오일 2큰술
치즈 가루 100g
(양젖치즈 또는 파르메산치즈)
소금·후춧가루 약간

1 넉넉한 냄비에 물을 넣고 끓기 시작하면 굵은소금 1큰술을 넣고 스파게티를 삶아요. 작은 볼에 달걀노른자와 치즈가루를 섞어둡니다.

2 프라이팬에 올리브오일을 조금 두르고 얇게 썬 구안치알레를 볶아줍니다.

3 ②의 팬에 적당히 익은 스파게티, ①의 달걀과 치즈 섞은 것을 넣고 잘 섞어줍니다. 소스와 면이 부드럽게 어우러지도록 스파게티 삶은 물을 한 국자 정도 넣어가며 30초 정도 섞어줍니다. 소금·후춧가루로 간을 하고 마무리합니다.

• 구안치알레*Guanciale*는 돼지고기 볼살을 소금에 절여 훈제한 햄의 일종입니다.

Pasta del contadino

병아리콩파스타 콘타디노

'콘타디노'는 '농부들의' '시골스러운'이란 뜻이에요. 병아리콩이 들어가는 파스타라서 아무래도 소박하고 푸근한 느낌이 들죠. 하지만 병아리콩의 고소함 뒤에 따금한 매운맛이 따라와요. 주 재료의 느낌과 전혀 다른 반전의 맛이 있어 세련미가 넘치는 파스타입니다.

재료 4인분

파스타 350g
베이컨 150g
브로콜리 500g
페페론치노 1개
토마토 4개
병아리콩(통조림) 150g
양파(중간 크기) 1개
마늘 1쪽
올리브오일 2~3큰술
허브 약간
(타임 1~2줄 또는 살비아 1~2장)
프로볼로네치즈 가루 40g
(또는 양젖치즈나 파르미자노치즈)
소금 약간

1 냄비에 물을 넉넉하게 넣고 끓입니다. 물이 끓을 동안, 깊이가 있는 넉넉한 프라이팬에 올리브오일을 두르고 잘게 다진 양파와 페페론치노, 베이컨, 준비한 허브(슈라는 타임을 사용했어요)를 넣고 볶아줍니다.

2 2~3분 정도 볶은 후 병아리콩을 넣고 3분 정도 더 볶아주세요. 여기에 큼직하게 잘라 씨를 빼놓은 토마토를 넣고 30초 정도 더 볶아 소금 간을 하여 소스는 마무리합니다.

3 물이 끓기 시작한 파스타용 냄비에 굵은소금 1큰술을 넣고 파스타와 한 입 크기로 자른 브로콜리를 넣고 끓입니다. 파스타가 익으면 함께 건져 냅니다(번거로움을 줄이기 위해 함께 끓였어요. 아삭한 브로콜리를 좋아한다면 1~2분 정도만 끓인 후 건져 내세요).

4 익힌 파스타와 브로콜리를 ②의 소스 팬에 넣어 30초~1분 정도 강한 불에서 볶아주고 마지막으로 치즈 가루를 넣습니다.

• 프로볼로네*provolone*치즈는 이탈리아 남부 캄파니아 지방에서 만들기 시작한 치즈예요. 16개월 정도 숙성 과정을 통해 만들어지는데 다른 치즈에 비해 향은 강하지 않지만 고소한 맛이 좋답니다. 모차렐라치즈처럼 뜨거워지면 쭉 늘어나는 성질이 있어 파니니, 샌드위치, 오븐 파스타에도 많이 사용돼요.

Gnocchi di zucca

단호박뇨키

찐 단호박의 달콤함과 탈레조치즈의 깊은 맛이 어우러진 단호박뇨키를 먹어본 후, 감히 생파스타에 도전해 볼 용기를 냈죠. 밀가루를 반죽하고 단호박을 굽는 과정이 번거롭게 느껴지긴 하지만, 생파스타의 깔끔한 맛을 즐기고 싶다면 뇨키부터 시작해 보세요. 뇨키는 특별한 비법 없이 반죽을 잘 섞어 덩어리로 만든 후 적당히 잘라주면 끝이에요. 만드는 방법이 간단하고 맛도 좋아 더 보람을 느끼는 파스타죠.

재료 3~4인분

뇨키 반죽

구운 단호박 250g
밀가루 250g
소금 3g
덧가루용 밀가루 약간

소스

탈레조치즈 200g
(또는 고르곤졸라치즈)
우유 150g
살비아 2~3장
소금 · 후춧가루 약간
밀가루 1작은술

1 먼저 뇨키를 만듭니다. 단호박을 180도로 예열한 오븐에 40분 정도 구운 후, 껍질을 벗기고 무게를 재서 필요한 양만큼 준비합니다.

2 볼에 단호박을 넣어 으깬 후 밀가루와 소금을 넣고 반죽을 시작합니다. 호박을 충분히 식힌 상태에서 반죽을 해야 덧가루용 밀가루가 덜 들어갑니다. 어느 정도 반죽이 뭉쳐지면 랩을 씌워 30분 정도 그대로 두세요.

3 반죽을 적당량씩 떼어 어른 손가락 굵기로 길게 밀어 손가락 한 마디 정도 길이로 잘라요. 포크로 살짝 눌러 홈을 내면 나중에 소스가 잘 스며들어요. 이때 덧가루를 뿌려가며 작업을 해야 반죽이 포크에 묻지 않습니다.

4 소스를 만듭니다. 냄비에 우유를 넣고 밀가루를 잘 풀어준 후 끓이기 시작합니다. 우유가 끓기 전 살비아와 잘게 자른 탈레조치즈를 넣어 저어가며 녹여줍니다. 크림 상태로 살짝 뭉글해지면 불에서 내려 소금, 후춧가루로 간을 맞춰요.

5 끓는 물에 굵은소금 1큰술을 넣고 뇨키를 삶아요. 반죽이 떠오르기 시작하면 바로 건져 치즈소스와 합체, 잘 비벼주면 됩니다.

Gnocchi di patate viola

자색감자뇨키

감자를 갈아 만든 우리나라의 감자옹심이를 상상하면 안 됩니다. 감자로 반죽하는 건 비슷하지만 옹심이 같은 쫀득함은 없어요. 대신 구수함은 살아 있죠. 심플한 소스로 감자의 담백함을 그대로 살렸습니다. 치즈와 버터로 소스를 만들어 무척이나 부드럽고 고소한 생파스타예요. 꼭 자색 감자가 아니어도 괜찮아요. 쉽게 구할 수 있는 착한 감자라면 다 좋아요.

재료 4인분

뇨키 반죽

삶은 감자 700g
밀가루 200g
달걀 1개
소금 3g
덧가루용 밀가루 약간

소스

버터 50g
살비아 4~5장
파르메산치즈 가루 50g

1 먼저 뇨키를 만듭니다. 삶아 껍질을 벗긴 감자를 곱게 으깨줍니다.

2 밀가루와 달걀, 감자를 뭉쳐 반죽합니다. 가루가 보이지 않을 정도로만 뭉쳐주면 됩니다.

3 반죽을 주사위 크기 정도로 잘라 포크로 꾹 눌러 모양을 냅니다. 이때 덧가루를 뿌려가며 작업을 해야 반죽이 포크에 묻지 않습니다.

4 뇨키를 삶아요. 넉넉한 냄비에 물을 넣고 끓기 시작하면 굵은소금 1큰술을 넣고 만들어 놓은 뇨키 반죽을 넣어 끓입니다. 뇨키가 물 위로 떠오르면 건져요.

5 소스를 만듭니다. 팬에 버터와 살비아 잎을 넣고 살비아 향이 우러나올 정도로만 살짝 볶아줍니다. 삶은 뇨키를 넣어 섞고 치즈 가루를 뿌리면 완성.

• 감자가 뜨거울 때 반죽을 하면 반죽이 묽어져 밀가루가 필요 이상 들어가고, 그러면 완성된 뇨키의 식감이 딱딱해질 수 있어요. 꼭 감자를 식힌 후 반죽해 주세요.

Pisarei e fasò

피자레이 에 파조

이탈리아 북부의 피아첸차 지방을 대표하는 파스타입니다. 피아첸차에서는 며느리를 택할 때 가장 중요하게 여긴 것이 엄지손가락이었다고 해요. 어려서부터 엄지로 이 파스타 반죽을 많이 밀어본 여자가 음식도 잘 만들고 집안을 든든하게 이끌 수 있다나요. 엄지손가락의 힘만큼 영양가 듬뿍인 피자레이 에 파조는 평범한 가정식이기에 만드는 방법도 집집마다 다양해요. 한국인 아줌마 슈라는 토마토와 콩을 넣어 만들어 봤습니다.

재료 4인분

생파스타 반죽

빵가루 100g + 물 150g
밀가루 200g
물 80~100g
덧가루용 밀가루 약간
소금 3g

소스

생콩 50g(껍질을 제거한 것)
토마토퓌레 100g
굵은소금 1작은술
(또는 비프스톡 5g)
로즈메리 1줄기, 양파 1개
마늘 2~3쪽
올리브오일 2~3큰술

• 콩은 갓 수확해 딱딱하게 마르지 않은 생콩을 쓰세요.

1 파스타 반죽을 만듭니다. 볼에 빵가루와 분량의 물(150g)을 넣고 불린 후 밀가루, 물(80~100g), 소금을 넣고 5분 정도 반죽해요. 둥글게 뭉쳐 랩으로 덮어 1시간 정도 상온에 둡니다.

2 반죽을 콩과 비슷한 크기로 만들 거예요. 0.5cm 두께로 넓게 밀어 작은 사각형으로 잘라요. 이것을 엄지손가락으로 눌러야 전통 방식인데 슈라는 그냥 나이프로 눌렀어요. 덧가루를 뿌려가며 나이프로 살짝 눌러 굴려요.

3 소스를 만듭니다. 하루 전 불려둔 콩을 껍질을 까고 씻어 로즈메리와 소금 1작은술을 넣고 30분 정도 삶아줍니다. 팬에 올리브오일을 두르고 다진 양파와 슬라이스한 마늘을 2분 정도 볶다가 삶은 콩도 넣어주세요.

4 ③의 팬에 토마토퓌레를 넣은 후 10분 정도 더 졸입니다. 이때 콩 삶은 물을 한 국자 정도 넣어주세요.

5 끓는 물에 소금 1큰술을 넣고 ②의 생파스타를 삶아요. 파스타가 떠오르면 건져서 ④의 콩 소스에 넣고 섞어요. 취향에 따라 치즈 가루를 뿌려도 좋아요.

Gnocchi di ricotta

리코타뇨키

우리가 익히 알고 있는 부드럽고 고소한 치즈, 리코타를 넣어 만든 뇨키 맛습니다. 리코타와 밀가루가 만나 물 한 방울 없이 완성되는 반죽이 참 신기했죠. 그런데 그 맛과 식감에 한 번 더 놀란, 맛있는 생파스타입니다.

재료 2인분

뇨키 반죽
리코타치즈 200g
밀가루 100g
파르메산치즈 가루 50g
빵가루 2큰술
달걀노른자 1개
소금 1g

소스
방울토마토 10~12개
올리브오일 1큰술
바질 1~2장
소금 약간

1 볼에 뇨키 반죽 재료를 넣고 손으로 잘 섞어 뭉쳐줍니다.

2 작업대 위에 반죽을 놓고 덧가루를 조금 뿌려 1cm 두께로 넓게 밀어요. 반죽을 주사위 모양으로 잘라 포크로 살짝 눌러 모양을 냅니다(모양을 낼 때 포크에 밀가루를 묻히면 작업이 쉽습니다).

3 냄비에 뇨키 삶을 물을 끓입니다. 끓기 시작하면 굵은소금 1작은술을 넣고 뇨키 반죽을 넣어 반죽이 떠오르기 시작하면 건져요.

4 소스를 만듭니다. 팬에 올리브오일을 두르고 반으로 자른 방울토마토, 바질, 소금을 넣고 2~3분 중불에서 볶아줍니다. ③의 뇨키를 넣어 버무려요. 뇨키를 끓인 물 반 국자 정도를 넣어 크림 상태가 되도록 묽기를 맞춰줍니다.

• 빵가루는 설탕, 버터, 달걀 등이 들어가지 않은 빵으로 만든 것이 좋습니다. 바게트 종류를 갈아서 쓰세요.

Tagliatelle al basilico

바질을 넣은 탈리아텔레

이탈리아 중부에 위치한 에밀리아 지방은 생파스타가 유명한데 라자냐, 페투치니, 라비올리, 볼로네제소스와 곁들인 탈리아텔레 등등이 있죠. 이런 스타일의 파스타 반죽의 기본은 밀가루 100g, 달걀 하나에 소금이 전부랍니다. 싱싱한 달걀 하나가 만들어내는 딱 떨어지는 1인분 반죽의 비율, 이것이 이탈리아 중부 지방에서 만드는 기본 생파스타의 맛이 되죠. 슈라는 기본 반죽에 바질을 잘라 넣어 조금 색다르게 완성해봤어요.

재료 4인분

생파스타 반죽

밀가루(중력분) 300g
달걀 3개
바질 30장
소금 약간

소스

방울토마토 300g
마늘 1쪽
올리브오일 2~3큰술
소금 1g

1. 밀가루와 달걀, 잘게 다진 바질, 소금을 넣고 반죽을 합니다. 밀가루가 보이지 않을 정도로 반죽이 뭉쳐지면 비닐봉지나 랩에 싸서 2시간 정도 실온에 보관합니다.
2. 2시간이 지나면 반죽이 부드러워집니다. 밀대로 밀어주고 접고 다시 밀어주기를 5회 정도 반복한 후, 넓게 밀어 0.5cm 굵기로 길게 자릅니다(굵기는 취향에 따라 조절하세요).
3. 자른 파스타는 서로 붙지 않게 펴주고, 끓는 물에 굵은소금 1큰술을 넣고 8~10분 정도 삶아요.
4. 올리브오일에 반으로 자른 방울토마토와 슬라이스한 마늘을 살짝 볶은 후 삶은 파스타를 넣고 버무립니다.

• 파스타 반죽을 할 때 반죽기를 이용하면 좀 더 쉽지만 없어도 괜찮아요. 밀대로 반죽을 밀면서 여러 번 접어 밀어주면 반죽기의 치대는 효과를 얻을 수 있어요.

•• 탈리아텔레에는 버터와 살비아를 넣은 소스, 알리오올리오에 파르미자노치즈를 더한 소스도 잘 어울려요.

Silit

Pasta fresca

심플한 손파스타

수제비는 자신 없는 제가, 자신 있게 맛을 보장하며 알려드리는 손파스타 레시피예요. 제목 그대로 만드는 방법, 재료, 맛까지 심플함의 극치입니다. 단순함이 매력인 이탈리아 스타일의 멋스러운 파스타입니다.

재료 4인분

생파스타 반죽
밀가루 300g
물 150ml
고운 천일염 3g

토마토소스 500ml
소금 약간

1 밀가루와 물, 소금 3g을 볼에 넣어 가루가 보이지 않을 만큼만 섞어주세요. 섞은 반죽을 비닐봉지에 넣어 냉장고에 12시간 정도 둡니다. 작업판 위에 덧가루를 뿌리고 반죽을 꺼낸 후 동그랗게 만들면서 모양을 다듬어줍니다.

2 둥글게 만든 반죽을 넓적하게 편 후(손으로 꾹꾹 눌러 주세요) 손가락 굵기로 길게 잘라줍니다.

3 길쭉한 반죽을 검지 첫 마디 길이로 잘라 포크로 모양을 냅니다. 포크로 한 번 꾹 누른 후 반죽을 빼내면서 말아준다는 느낌으로 포크에서 분리시킵니다.

4 반죽을 삶아줍니다. 냄비에 물을 넣고 끓기 시작하면 소금 2g 정도를 넣고 반죽을 넣어요. 냄비 바닥을 한 번 저어줘야 서로 붙지 않아요. 파스타가 물에 떠오르기 시작하면 30초 정도 후에 건져요.

5 삶은 파스타를 원하는 소스와 함께 버무려 드시면 됩니다. 토마토소스, 버터와 살비아를 넣은 소스와 잘 어울려 자주 곁들입니다.

Pasta fresca con moscardini

주꾸미생파스타

해물을 살짝 데쳐 먹는 한국식 요리법과 달리 이탈리아에서는 오징어, 문어, 주꾸미, 낙지 같은 해물들을 30분 이상 조리하는 경우가 많아요. 반죽에 사용한 세몰리나는 듀럼밀을 부순 가루예요. 입자가 밀가루보다 거칠고 오돌토돌한데, 파스타, 시리얼, 쿠스쿠스 등을 만드는 데 많이 사용하죠. 여러 채소들과 충분히 익힌 부드러운 주꾸미의 어우러짐이 좋은 파스타입니다.

재료 2~3인분

생파스타 반죽

세몰리나(또는 밀가루) 250g
물 130g
올리브오일 1큰술
소금 1g

소스

주꾸미 500g
스펙(또는 베이컨) 80g
샬롯 1개(또는 양파 $\frac{1}{2}$개)
노란 파프리카 1개
방울토마토 10개
화이트와인 100ml
소금·후춧가루 약간
올리브오일 2~3큰술

1 먼저 파스타 반죽을 만듭니다. 세몰리나 가루와 물, 올리브오일, 소금을 넣고 가루가 보이지 않을 때까지 반죽하고 1~2분 정도 더 치댑니다. 비닐이나 랩으로 싸서 1시간 정도 실온 보관합니다.

2 반죽을 0.5cm 두께로 밀어 5×0.5cm 정도의 크기로 잘라 둥근 나무젓가락을 이용해 말아줍니다. 반죽의 두께가 얇아지도록 젓가락을 바닥에 눌러 돌려가며 살짝 눌러줍니다. 젓가락에서 반죽만 살짝 밀어 뺍니다.

3 소스를 만듭니다. 프라이팬에 올리브오일을 두르고 센 불에 얇고 잘게 다진 샬롯과 파프리카, 적당히 자른 주꾸미를 넣어요. 화이트와인을 넣어 알코올 성분이 살짝 날아갈 정도로만 끓여요.

4 4등분한 방울토마토를 ③에 넣고 30분 정도 중불에서 졸입니다. 스펙은 따로 볶았다가 팬에 합쳐줍니다. 소금과 후춧가루를 넣어 소스를 마무리합니다.

5 끓는 물에 굵은소금을 반 스푼 정도 넣고 생파스타를 3~4분 정도 삶은 후 건져 소스와 합쳐줍니다.

• 스펙은 자연 훈제한 이탈리아 햄입니다.

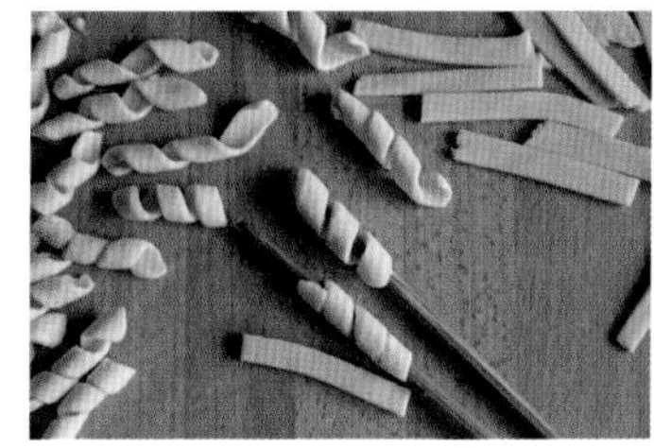

Pasta fresca integrale con verdure

통밀채소파스타

밀가루와의 전쟁이라도 일어난 듯 밀가루가 아닌 곡물에 관심이 높아진 요즘, 이탈리아에서도 다양한 곡물을 이용한 파스타들이 점점 시장을 점령하고 있지요. 건강에 도움이 된다는 착한 곡물들을 모아 만들어 본 생파스타를 소개합니다. 여러 가지 채소와 어우러지는 맛이 건강하게 느껴지는 파스타예요.

재료 4인분

생파스타 반죽
세몰리나(또는 밀가루) 125g
통밀가루 125g
물 120g
소금 2g
올리브오일 1큰술

소스
단호박 80g
방울토마토 10개
애호박 $\frac{1}{2}$개
노란 파프리카 $\frac{1}{2}$개
양파 $\frac{1}{2}$개
페페론치노 1개
치즈 가루 60g
올리브오일 약간

1 파스타 반죽을 해요. 반죽 재료를 전부 넣고 가루가 보이지 않을 정도로 뭉쳐주세요. 2~3분 정도 더 손으로 꾹꾹 눌러가며 반죽한 후 비닐로 덮어 상온에서 1시간 정도 둡니다.

2 반죽을 손가락 굵기 정도의 두께로 넓게 민 후, 다시 검지손가락 굵기 정도로 길쭉하게 잘라요. 이것을 다시 1cm 길이로 자릅니다. 자른 반죽을 검지손가락으로 꾹 눌러 밀어서 모양을 내면 완성이에요.

3 냄비에 물을 붓고 끓기 시작하면 굵은소금 1큰술을 넣고 생파스타 반죽을 넣어 5분 정도 삶아 건져요.

4 채소들은 잘게 잘라(사각이면 좋아요) 팬에 올리브오일을 두르고 볶아요. 먼저 양파와 페페론치노를 볶고, 단호박(2~3분), 파프리카(2분), 애호박(2분) 순으로 하나씩 넣어 볶아요. 여기서 소금 간 살짝 하고, 방울토마토(1분)까지 넣어 볶아 냅니다. 센 불에서 볶고 중간에 물을 조금씩 부어 팬에 채소가 붙는 것을 방지합니다.

5 ④의 팬에 삶아 건져둔 파스타를 합쳐 30초 정도 더 볶아줍니다. 소금 간 대신 치즈를 뿌려 간을 해도 좋아요.

• 세몰리나는 듀럼밀을 부순 가루예요. 입자가 밀가루보다 거칠고 오돌토돌한데, 파스타, 시리얼, 쿠스쿠스 등을 만드는 데 많이 사용해요.

리소토

Risotto

Risotto asparagi bianchi

하얀아스파라거스리소토

하얀 아스파라거스는 녹색 아스파라거스와 또 다른 식감과 향을 가지고 있어요. 녹색 아스파라거스가 식감이 부드럽고 쌉싸름한 녹색 채소 특유의 맛이 난다면, 하얀 아스파라거스는 좀 더 아삭하고 긴 시간 조리해도 물컹거림 없이 형태가 유지돼요. 쌉싸름함은 있지만 좀 더 무와 같은 식감이랄까요? 아삭한 식감, 고소한 맛이 좋아 리소토로 먹기에 딱 좋습니다.

재료 4인분

쌀 350g
하얀 아스파라거스 300g
채수 1~1.5L
화이트와인 100ml
양파 $\frac{1}{2}$개
파르미자노치즈 100g
올리브오일 50ml
(또는 버터 80g)
소금 약간

1 아스파라거스의 아래쪽 껍질을 살짝 벗겨낸 후 잘게 잘라 채수에 10분 정도 끓여줍니다.

2 넉넉한 냄비에 올리브오일 또는 버터를 두르고 다진 양파와 쌀을 2분 정도 볶은 후 화이트와인을 넣어 알코올 성분이 날아가게 잠깐 끓여줍니다.

3 삶아 놓은 아스파라거스를 ②의 냄비에 넣고 채수를 부어가며 중불에서 저어가며 익힙니다.

4 13~15분 정도 익힌 후 소금 간을 하고 파르미자노치즈를 갈아 넣어요. 1분 정도 뚜껑을 덮고 뜸을 들인 후 서브합니다.

- 채수 만들기는 24쪽을 참고하세요.

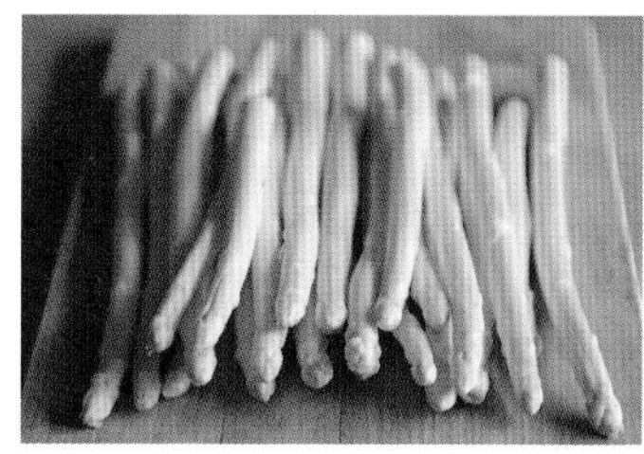

Risotto alla milanese

밀라노식 리소토

피자 하면 나폴리, 고기소스 하면 볼로네제, 리소토 하면 밀라노죠. 밀라노의 대표적인 자페라노(샤프란) 리소토입니다. 샤프란이 값비싼 식재료가 되면서 일반 레스토랑에서 슬슬 사라지기 시작한 메뉴죠. 하지만 리소토를 좋아하는 밀라노에서는 아직도 곧잘 찾아볼 수 있어요. 샤프란 향과 치즈의 향이 부드럽게 다가오는 리소토입니다. 송아지 뒷다리를 와인과 토마토에 조린 오소부코*Ossobuco*와 곁들여 먹기도 하지만, 리소토 자체로도 훌륭한 한 접시 요리입니다.

재료 4인분

쌀 350g
양파 1개
화이트와인 50g
채수 800ml~1L
치즈 가루 80g
버터 60g
올리브오일 약간
소금 약간
샤프란 1g

1. 팬에 올리브오일을 두르고 다진 양파를 투명해지도록 볶은 후 쌀을 넣어 한 번 더 볶아줍니다.
2. 화이트와인을 넣고 향이 날아가면 채수를 한 국자씩 붓고 저어가며 익힙니다. 이때부터 뜸들이기 전까지 14~16분 정도 익힙니다.
3. 13분 정도 지났을 때 샤프란 가루를 넣고 골고루 섞은 후 2~3분 정도 지나 익은 상태를 확인합니다. 쌀알이 살짝 씹히는 정도로 먹는 사람도 있고 적당히 익은 것을 좋아하는 사람도 있으니 본인 취향에 따라 익히되 죽처럼 푹 퍼지지 않도록 주의해주세요.
4. 버터와 치즈 가루를 넣고 뚜껑을 덮어 1분 정도 뜸을 들인 후 접시에 올립니다. 취향에 따라 치즈 가루를 더 첨가해 드시면 됩니다.

• 리소토를 만들 때는 쌀을 씻지 않고 불리지도 않고 그냥 써요. 끓는 물에 마른 파스타 넣듯이 마른 쌀을 그대로 넣습니다.

•• 채수 만들기는 24쪽을 참고하세요.

Risotto ai frutti di mare

해물리소토

해물 좋아하세요? 이탈리아에서는 해물을 '바다의 과일'이라 부르죠. 손질하고 육수를 내는 과정이 번거롭긴 하지만 해물에서 우러난 육수로 졸인 리소토의 맛을 포기할 순 없죠. 해물을 좋아하는 분들이라면 꼭 다시 찾게 되는 깔끔한 리소토입니다.

재료 4인분

쌀 350g
새우 4~5마리
홍합 500g
조개 500g
오징어 300g
작은 가재 1~2마리
화이트와인 ½컵
양파 1개, 마늘 2쪽
페페론치노 1개
소금·올리브오일 약간

국물용 채소
셀러리 1대
당근 1개
양파 1개

1 해감해둔 홍합과 조개는 냄비에 볶아주며 익힙니다. 홍합과 조개에서 물이 충분히 나오니 볶을 때 오일이나 물이 필요 없어요. 홍합과 조개의 살만 발라주고 국물은 따로 둡니다. 오징어도 잘게 잘라 놓습니다.

2 새우와 가재는 살을 발라내두고, 나머지 머리나 껍질은 육수를 만드는 데 씁니다. 물 1.5L에 국물용 채소와 새우 머리, 가재 껍질 등을 넣고 10~15분 정도 끓여줍니다. 여기에 굵은소금 2g 정도를 넣고 ①의 조개 국물도 합쳐줍니다.

3 양파 ½개를 잘게 잘라 냄비에 올리브오일을 두르고 볶은 후 쌀을 넣고 화이트와인을 부어 알코올 성분이 날아갈 정도로만 끓입니다. 육수를 넣어가며 6~7분 정도 더 끓여줍니다. 중간 중간 잘 저어주세요.

4 다른 프라이팬에 올리브오일을 두르고 잘게 자른 양파 ½개, 잘라둔 오징어를 넣고 볶아줍니다. 새우와 가재 살도 넣어 색깔만 바뀔 정도로 살짝 볶아주세요.

5 ③의 쌀을 6~7분 볶은 상태에서 ④의 볶은 해물을 넣고 7~8분 정도 더 육수를 부어가며 익혀줍니다. 총 15분 정도 지났을 때 뚜껑을 덮고 불을 꺼서 1분 정도 뜸을 들입니다(쌀이 살짝 씹힐 정도로, 설익었다 싶은 식감이 리소토 본연의 식감입니다).

Risi e bisi

완두콩리소토

완두콩리소토는 베네토 지역의 음식으로 이탈리아어로는 '리시 에 비시'라고 해요. '리시'는 쌀, '비시'는 4월과 5월 사이 처음 열려 수확한 어린 완두콩을 말합니다. 리시 에 비시는 '나노*nano*'라는 리소토용 쌀을 특별히 지정하여 쓰는데, 4월 25일 베네치아의 산마르코 수호신인 도제*DOGE*를 기리며 나눠 먹던 음식이라네요. 한국 사람에겐 완두콩 볶음밥에 햄을 넣은 듯 친근감 있는 맛이기도 합니다.

재료 4인분

쌀 350g
베이컨 100g
완두콩 150g
채수 1.5L
양파 ½개
파르메산치즈 100g
화이트와인 ½컵
올리브오일 2큰술
소금 약간

1 냄비에 올리브오일을 두른 후 잘게 다진 양파와 베이컨을 볶은 후 완두콩을 넣고 1분 정도 볶아줍니다. 여기에 쌀을 넣어(쌀은 씻지 않고 넣어요) 다시 1분 정도 볶아줍니다.

2 ①의 냄비에 화이트와인을 넣고 알코올 성분이 날아가면 채수를 한 국자씩 넣어가며 13~15분 정도 익힙니다.

3 갈아놓은 파르메산치즈를 넣고 1분 정도 뚜껑을 덮어 뜸을 들입니다. 취향에 따라 소금 또는 치즈로 간을 더 합니다.

• 파르메산치즈 100g 대신 탈레조치즈 200g 정도를 넣으면 색다른 식감을 느낄 수 있는 응용 요리가 됩니다. 치즈의 깊은 맛이 더해져 구수하고 크리미해져요.

Risotto alla crema di zucca

단호박크림리소토

단호박이라는 이름만으로도 벌써 부드럽고 달콤한 맛이 느껴지는 리소토예요. 단호박은 어른, 아이 할 것 없이 즐겨 먹는 채소죠. 단호박이 치즈와 함께 어우러져 그 맛이 한층 업그레이드되니 누구라도 좋아할 수밖에 없는 리소토입니다. 영양까지 가득해 맛있는 겨울 보양식이 되고도 남아요.

재료 4인분

쌀 350g
단호박(껍질을 제거한) 600g
화이트와인 ½컵
채수 1.5L
파르메산치즈 100g
양파(중간 크기) 1개
헤이즐넛 50~100g
올리브오일 2큰술
소금 약간

1 잘 씻어 껍질을 벗긴 후 잘게 자른 단호박과 다진 양파를 깊이가 있는 프라이팬에 올리브오일을 두르고 볶은 후, 채수 3국자를 넣고 20분 정도 중불에서 끓입니다. 호박이 익어 부드럽게 뭉개질 정도로 끓여주면 돼요.

2 다른 프라이팬에 올리브오일을 두른 후 쌀을 볶다가 화이트와인을 넣고 1분 정도 끓여줍니다.

3 ②의 볶은 쌀을 ①의 팬에 합친 후 굵게 다진 헤이즐넛을 넣고 남은 채수를 넣어가며 리소토를 끓입니다. 10~12분 정도 더 끓이면 됩니다.

4 갈아놓은 파르메산치즈를 넣고 1분 정도 뚜껑을 덮어 뜸을 들인 후 접시에 담아 내면 됩니다. 헤이즐넛을 조금 남겨 두었다가 완성 접시에 가니시로 올려도 좋고, 로즈메리 잎 한두 개를 올려도 좋아요.

• 채수 만들기는 24쪽을 참고하세요.

•• 리소토를 만들 때 쌀은 씻지 않고 그냥 넣어 볶아요.

Risotto asparagi e gorgonzola

아스파라거스 고르곤졸라리소토

리소토용 쌀로 좋은 것은 카르나롤리*Carnaroli*, 아르보리오*Arborio*, 나노*Nano*, 산안드레아*S. Andrea* 등이 있어요. 특히 이탈리아 셰프들은 카르나롤리라는 품종을 선호합니다. 조리 후 식감이 리소토에 알맞고 크림 상태가 적당히 유지되기 때문이라네요. 카르나롤리의 경우 15분 정도 조리 후 불을 끄고 치즈 가루를 넣어 1분 정도 뜸을 들입니다. 리소토의 중요한 요리 포인트는 바로 기다림. 이렇게 뜸을 들인 후 바로 접시에 담아 먹어야 제일 맛있죠. 아스파라거스를 넣어 향이 좋은 리소토를 만들어 봅시다.

재료 4인분

쌀 350g
아스파라거스 100g
고르곤졸라치즈 80~100g
채수 1.5L
양파(작은 것) 1개
화이트와인 $\frac{1}{2}$컵
올리브오일 2큰술

1 잘 씻어 다듬어 놓은 아스파라거스를 끓는 물에 10분 정도 삶아 잘게 잘라줍니다.

2 다른 냄비에 올리브오일을 두르고 다진 양파를 볶은 후 쌀을 넣어 볶아 줍니다(쌀은 씻지 않고 그냥 사용합니다). 화이트와인을 넣고 알코올 성분이 날아갈 정도로 잠깐 끓이다가 아스파라거스와 채수를 넣고 12~13분 정도 끓여줍니다(채수를 한꺼번에 넣지 말고 조금씩 넣고 저어가며 익혀야 합니다).

3 고르곤졸라치즈를 넣고 냄비 뚜껑을 닫아 1분 정도 뜸을 들인 후 접시에 담아 냅니다.

• 채수 만들기는 24쪽을 참고하세요.

•• 한국에서 일반적으로 먹는 쌀로 리소토를 만드는 것도 가능은 하지만 이탈리아 특유의 맛을 재현하기는 힘들 거라 봅니다. 한국 쌀은 알이 작고 찰진 것이 대부분인데 리소토용 쌀은 조리한 후 퍼지지 않고 알알이 살아 있어야 하거든요.

Risotto pera e taleggio

서양배와 탈레조치즈를 넣은 리소토

서양배는 물기가 적고 단맛도 적은 편이에요. 이것을 한국의 배처럼 생각하고 먹었다가 맛이 없다는 분들이 있죠. 한국배와 비교하기보다는 아예 다른 과일이라 생각하면 아주 맛있어지는 과일입니다. 서양배를 넣어 단맛이 살짝 도는 맛깔스러운 리소토를 소개합니다.

재료 4인분

서양배 3개
쌀 300g
탈레조치즈 150g
양파 ½개
화이트와인 ½컵
파르메산치즈 가루 80g
채수 1~1.5L
올리브오일 2~3큰술
버터 10g

1 깊이가 있는 팬에 올리브오일을 두르고 잘게 자른 양파를 볶은 후, 쌀을 넣어 볶다가 화이트와인을 넣어 알코올 성분만 날아가게 살짝 끓여줍니다.

2 껍질을 벗겨 잘게 자른 배를 ①에 넣고 채수를 부어 저어가며 15분 정도 익힙니다. 이때 장식용 배는 조금 남겨둡니다. 길고 얇게 잘라 5조각 정도면 충분합니다.

3 15분이 지난 후 탈레조치즈와 파르메산치즈 가루를 넣고 1분 정도 뜸을 들입니다.

4 남겨둔 장식용 배를 다른 프라이팬에 버터를 두르고 앞뒤로 살짝 구워, 리소토 위에 올립니다(장식용 배는 생략 가능합니다).

• 채수 만들기는 24쪽을 참고하세요.

Risotto agli spinaci

시금치리소토

한국 시금치처럼 단맛이 나는 시금치는 이탈리아에선 초겨울에 짧게만 맛볼 수 있어요. 하지만 잎이 큼직하고 약간의 떫은맛이 도는 일반 시금치는 이탈리아에서도 일 년 내내 만날 수 있죠. 나물이나 국으로 먹던 시금치가 이탈리아에서 다양한 요리에 두루 쓰이는 것을 보며, 깡통 시금치를 즐겨 먹던 뽀빠이 아저씨가 이탈리아에 와봤더라면 더 맛있게 시금치를 먹지 않았을까 하는 우스운 생각을 하게 됩니다.

재료 4인분

쌀 350g
시금치 200g
샬롯 1개(또는 양파 ½개)
채수 1.5L
파르메산치즈 80~100g
올리브오일 2큰술

1 깊이가 있는 프라이팬에 올리브오일을 두르고 다진 샬롯과 쌀을 볶은 후 적당히 자른 시금치를 넣고 볶아줍니다.

2 채수를 한 국자씩 넣어가며 저으면서 15분 정도 끓입니다.

3 갈아놓은 파르메산치즈를 넣고 팬 뚜껑을 덮어 1분 정도 뜸을 들인 후 접시에 냅니다.

• 채수 만들기는 24쪽을 참고하세요. 리소토를 만들 때 쌀은 씻지 않고 그냥 넣어 볶아요.

•• 샬롯은 보라색을 띠는 작은 양파로 조직이 얇고 수분이 적어요. 양파 ½개로 대체 가능합니다.

Risotto al radicchio

라디키오를 넣은 리소토

샐러드로나 먹어야 할 것같이 연해 보이는 이 채소를 실은 참 많은 요리에 쓴다는 것을 한참이 지나서야 알았어요. 베네토 지방의 유명한 특산물인 라디키오는 라비올리에도 넣어 먹고 파스타, 리소토는 물론 피자 토핑으로도 올려 먹죠. 데쳐 먹고 볶아 먹고, 바비큐할 때 그릴에 구워 먹는 등 어떻게 먹어도 맛있는 만능 채소입니다. 쌉쌀한 맛이 있는 라디키오는 심혈관 기능을 강화시키고 비타민, 칼륨, 엽산이 많이 들어 있어 건강에도 좋아요.

재료 4인분

쌀 320g
라디키오 300g
양파 $\frac{1}{2}$개
레드와인 1컵
베이컨 80g
브리치즈 80g
올리브오일 약간
채수 1~1.5L

1 깊이가 있는 냄비에 올리브오일을 두르고 잘게 다진 양파와 베이컨을 넣고 살짝 볶아준 후 쌀을 넣어 볶습니다.

2 레드와인을 넣어 알코올 향이 날아가면 채수를 부어가며 13~15분 정도 익힙니다.

3 잘게 다진 라디키오와 뚝뚝 자른 브리치즈를 넣고 뚜껑을 덮어 1분 정도 뜸을 들인 후 접시에 냅니다.

• 채수 만들기는 24쪽을 참고하세요.

• • 리소토를 만들 때 쌀은 씻지 않고 그냥 넣어 볶아요.

Risotto alla salsiccia

살시체리소토

살시체는 돼지고기와 와인, 여러 가지 향신료가 어우러진 맛과 적당한 짠맛이 매력적인 이탈리아식 소시지죠. 바비큐로 먹기도 하고, 파스타 소스나 라비올리 속재료 등 여러 가지 음식에 감칠맛을 내는 재료로도 넣는 만능 식재료입니다. 이런 살시체를 넣어 만든 리소토는 특히 아이들이 좋아하네요.

재료 3-4인분

쌀 250g
스카모르차치즈 150g
살시체 250g
채수 1.5L
레드와인 $\frac{1}{2}$컵
양파 $\frac{1}{2}$개
올리브오일 약간

1 깊이가 있는 프라이팬에 올리브오일을 두르고 잘게 다진 양파를 볶은 후 살시체를 잘라 넣습니다. 이때 살시체는 껍질을 벗겨 사용합니다.

2 레드와인을 넣고 알코올 향이 날아가면 쌀을 넣어 볶아줍니다.

3 채수를 부어 저어가며 15~18분 정도 익힙니다.

4 스카모르차치즈를 잘게 잘라 넣고 뚜껑을 덮어 1분 정도 뜸을 들인 후 접시에 담아 냅니다. 취향에 따라 소금 간을 하세요

• 스카모르차 *scamorza* 치즈는 프로볼로네 *provolone* 치즈의 사촌 격 되는 치즈입니다. 윗부분을 둥글게 만들어 끈으로 묶어 숙성시킨 모양이 꼭 목을 맨 사람 같다 하여 '목이 잘린'이란 다소 무서운 이름이 붙은 치즈예요. 모차렐라치즈와 비슷하지만 더 건조하고 단단해요.

•• 채수 만들기는 24쪽을 참고하세요.

Risotto alle castagne

밤 고르곤졸라리소토

이탈리아에서 밤은 말려서 고기 요리에 넣어 먹기도 하고, 가루로 만들어 케이크를 만들기도 해요. 우리나라처럼 군밤으로 구워도 먹고, 설탕시럽에 조려 먹거나 잼으로 만들어 먹기도 해요. 수많은 요리로 응용해 먹지만, 저는 리소토로 먹을 때가 제일 맛있어요. 밤과 고르곤졸라치즈를 넣은 리소토입니다. 달콤한 밤과 고르곤졸라 특유의 깊은 치즈 맛이 어우러져 한없이 고소한 리소토예요.

재료 4인분

쌀 320g
깐 밤 200g
고르곤졸라치즈 100g
양파 $\frac{1}{2}$개
화이트와인 $\frac{1}{2}$컵
채수 1~1.5L
파다노치즈 가루 30g
버터 20g
올리브오일 약간

1 넉넉한 크기의 냄비에 버터를 녹여 잘게 다진 양파를 볶은 후 쌀을 넣어 2~3분 정도 볶아줍니다. 화이트와인을 넣고 알코올 성분이 충분히 날아가게 끓여줍니다.

2 채수를 조금씩 넣어가며 14~16분 정도 익힙니다(쌀의 종류에 따라 익히는 시간이 달라집니다).

3 마지막 1분 정도를 남겨 놓고 뚝뚝 적당히 자른 고르곤졸라치즈와 작게 자른 밤을 넣어주세요. 파다노치즈 가루를 넣고 불을 끈 상태에서 뚜껑을 덮어 1분 정도 뜸을 들인 후 올리브오일을 살짝 둘러 접시에 담아 냅니다.

• 밤은 구워서 깐 밤, 쪄서 깐 밤 또는 시판용 깐 밤(한국의 맛밤) 등 설탕이 첨가되지 않은 밤이라면 모두 사용 가능합니다. 밤 대신 호두를 넣어도 좋습니다.

•• 채수 만들기는 24쪽을 참고하세요.

Risotto ai porcini

포르치니버섯리소토

포르치니는 향이 참 좋은 야생 버섯이에요. 그 향이 그대로 묻어나는 대표적인 가을 리소토를 소개합니다. 슈라가 개인적으로 제일 좋아하는 가을 리소토로, 그윽한 버섯 향과 고소하고 부드러운 맛이 매력적이죠. 버섯을 좋아하는 분이라면 꼭 권해드리고 싶은 이탈리아 인기 리소토입니다.

재료 4인분

포르치니 300g
쌀 300g
채수 1.5L
양파 ½개
마늘 1쪽
파르메산치즈 60~80g
버터 60g
프레제몰로 약간
올리브오일 약간

1 깨끗히 손질하여 작게 자른 버섯을 팬에 올리브오일과 잘게 다진 마늘을 넣고 2분 정도 볶아줍니다.

2 깊이가 있는 또 다른 팬에 올리브오일을 두른 후 잘게 다진 양파를 볶고, 쌀을 넣어 볶아준 후 채수를 한 국자씩 부어 저어가며 6분 정도 익힙니다. 따로 볶아둔 버섯을 넣고 계속 채수를 부어가며 6분 정도 더 익힙니다.

3 버터와 갈아놓은 파르메산치즈 가루를 넣고 뚜껑을 덮어 1분 정도 뜸을 들인 후 접시에 담아 냅니다. 프레제몰로를 완성 접시에 뿌려요.

• 채수 만들기는 24쪽을 참고하세요.

•• 프레제몰로는 이탈리아 파슬리입니다. 다양한 요리에 뿌려 먹어요.

피자
&
파니니
Pizza & Panini

Pizza

피자

10세기부터 먹기 시작한 피자는 처음엔 지금의 모습과는 달랐다고 해요. 토마토소스에 치즈가 올라가는 식이 아니라, 토마토소스 없이 피자 빵 위에 구운 채소나 햄을 올려 먹는 하얀 피자부터 시작되었다고 해요. 절인 생선과 채소를 올려 먹는 나폴리 스타일, 피자 도우를 반으로 접어 먹는 칼초네, 반으로 접어 살짝 튀겨 내는 판제로티 등 지금은 100가지도 넘는 피자 레시피가 개발되어 있죠. 슈라는 피자집 주인이 아니기 때문에 개발은 하지 않지만, 식구들이 좋아하는 피자집 메뉴를 응용해 집에서 이것저것 자주 만들어 먹죠.

재료 1인분(지름 20cm 1개)

피자 반죽
강력분 100g
미지근한 물(25~30도) 75g
소금 2g
물엿 0.5g(생략 가능)
드라이이스트 2g

토마토소스 50~80g
물소치즈 200g
토마토 ½개
바질 잎 2~3장
올리브오일 약간

1 미지근한 물에 물엿과 드라이이스트를 풀어준 후, 분량의 밀가루에 넣고 반죽을 시작합니다. 반죽기가 있는 분들은 10분 정도, 손 반죽할 경우 15~20분 정도 치대줘야 반죽이 부드러워집니다.

2 반죽을 공처럼 둥글게 만들어 랩을 씌워 반죽이 두 배로 부풀 때까지 실온에 둡니다(1시간~1시간 반).

3 부풀어 오른 반죽을 잠시 치대어 가스를 빼준 후 동그랗게 만들어요. 얇은 도우가 좋다면 여기서 바로 밀대로 밀어 토마토소스를 바르고 오븐 팬에 올려 구워서 토핑하면 돼요. 부드럽고 두께감 있는 도우가 좋다면 반죽을 밀어서 30분 정도 둔 후 토마토소스를 바르고 구워줍니다. 200도 예열 오븐에 20분 정도 구워줍니다.

4 구워낸 도우에 물소치즈를 적당히 잘라 올리고 15분 정도 다시 오븐에서 구워줍니다. 치즈가 노릇하게 구워지면 피자를 꺼내 잘라 놓은 토마토를 올려줍니다. 바질 잎 2~3장 정도를 올리면 향과 색감이 훨씬 먹음직스러워지죠.

• 집에서 사용하는 오븐은 피자집 오븐과는 차이가 있어요. 토마토소스, 토핑, 치즈를 한꺼번에 다 올려 구우면 예열을 했다 해도 반죽이 축축해질 수 있어요. 오븐 팬의 바닥에 올리브오일을 조금 뿌리고 토마토소스 바른 피자 반죽만 먼저 구웠다가 다시 꺼내서 토핑을 올린 후 15분 정도(토핑 종류와 양에 따라 굽는 시간은 달라질 수 있어요) 더 구우면 맛있게 완성됩니다.

가지스카모르차피자

재료 지름 20cm 1개분

피자 반죽 180g
토마토소스 50~80g
가지 $\frac{1}{2}$개
스카모르차치즈 150g
올리브오일 약간

1 가지는 잘 씻어 동그란 모양을 살려 0.5cm 두께로 잘라요. 앞뒤로 물기를 날린다 생각하고 그릴 팬(또는 일반 팬)에 구워줍니다.

2 넓게 펼친 피자 반죽에 토마토소스를 바르고 올리브오일을 두른 오븐 팬에 올려요. 200도로 예열한 오븐에서 10~15분 구워요. 다시 꺼내서 구운 가지와 적당히 잘라 놓은 치즈를 펴 올려 200도로 예열한 오븐에서 15분 정도 더 구워줍니다.

마르게리타피자

재료 지름 20cm 1개분

피자 반죽 180g
토마토소스 50~80g
모차렐라치즈 80g
올리브오일 약간

1 넓게 펼친 피자 반죽에 토마토소스를 바르고 올리브 오일을 두른 오븐 팬에 올려요. 200도로 예열한 오븐에서 10~15분 구워요.

2 구운 도우를 꺼내 모차렐라치즈를 적당히 잘라 뿌리고 다시 15분 정도 구워줍니다.

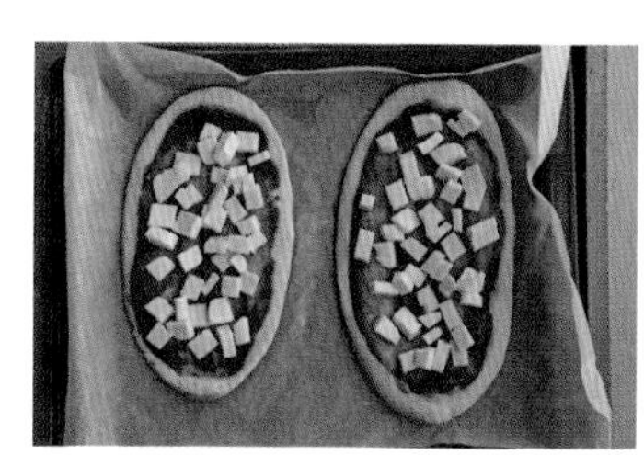

사계절피자

재료 지름 20cm 1개분

피자 반죽 180g
토마토소스 50~80g
오일절임 버섯 1작은술
오일절임 아티초크 3~4개
프로슈토 코토 2장
블랙올리브 8~9개
모차렐라치즈 50g
올리브오일 약간

1 넓게 펼친 피자 반죽에 토마토소스를 바르고 올리브 오일을 두른 오븐 팬에 올려요. 200도로 예열한 오븐에서 10~15분 구워요.

2 구운 도우를 꺼내 오일절임 버섯, 오일절임 아티초크, 프로슈토 코토, 블랙올리브를 올리고 틈새에 모차렐라치즈를 적당히 잘라 올립니다. 200도로 예열한 오븐에 10분 정도 더 구워줍니다.

• 오일절임 버섯과 오일절임 아티초크는 올리브오일에 절여 판매하는 시판 제품이에요. 어느 나라나 그 나라의 기후나 식재료에 맞게 음식을 저장하는 방법이 있을 텐데 올리브오일이 풍부한 이탈리아에선 이렇게 저장한 채소들이 식탁의 풍미를 더해주죠. 가지, 버섯, 아티초크, 피망, 양파, 아스파라거스 등 다양한 채소들을 와인 또는 식초 물과 함께 끓인 후 올리브오일에 저장해서 먹어요.

참치피자

재료 지름 20cm 1개분

피자 반죽 180g
토마토소스 50~80g
통조림 참치 50g
모차렐라치즈 50g
양파(작은 것) $\frac{1}{4}$개
올리브오일 약간

1 통조림 참치는 기름을 빼고, 양파는 얇게 잘라 놓습니다. 넓게 펼친 피자 반죽에 토마토소스를 바르고 오븐 팬에 올리브오일을 두른 후 올려요. 200도로 예열한 오븐에서 10~15분 구워요.

2 구운 도우 위에 참치와 모차렐라치즈를 올리고 얇게 잘라 놓은 양파도 올려요. 200도로 예열한 오븐에서 10~15분 정도 더 구워줍니다.

무화과피자

재료 지름 20cm 1개분

피자 반죽 180g
양파(작은 것) $\frac{1}{4}$개
프로슈토 크루도(슬라이스) 8장
무화과 2개
올리브오일 약간

1 오븐 팬에 올리브오일을 살짝 바르고(1작은술) 피자 반죽을 넓게 펼쳐 올린 후 잘게 자른 양파를 올리고 180도로 예열한 오븐에서 15~20분 정도 구워줍니다.

2 구운 도우 위에 프로슈토와 자른 무화과를 올려 바로 서빙합니다. 프로슈토 크루도는 공기와 오랜 시간 접촉하면 색이 변하기 때문에 뜨거운 피자 위에 바로 올려 먹는 것이 좋습니다.

• 프로슈토 크루도는 돼지 뒷다리를 염장하여 자연 발효시킨 이탈리아 햄입니다.

• • 이 피자는 토마토소스를 넣지 않은 하얀 피자예요. 사람들이 피자를 처음 먹기 시작했을 때는 이런 형태였다고 하네요.

Piadina

피아디나

파르메산치즈로 유명한 에밀리아 지방의 대표적인 파니니예요. 피아디나는 얇고 바삭한 식감이 매력으로 다양한 재료를 속에 넣어 먹죠. 에밀리아 지방에 놀러 갔을 때 유명한 피아디나 맛집을 찾아가면 줄을 서는 게 당연한 일이었어요. 손님이 없을 때도 기본 5분은 기다려야 하는데 주문과 동시에 피아디나 반죽을 밀어서 만들어주기 때문이더라고요. 바로 구워 속을 채워 넣은 피아디나의 맛은 환상 그 자체입니다.

재료 4~5인분

기본 반죽(지름 22cm × 5장)
밀가루 250g
미지근한 물 125g
올리브오일 25g
소금 2g

모차렐라치즈 150g
프로슈토 크루도 100g
(얇은 슬라이스 10장)
토마토 2~3개
루콜라 50g

1 밀가루와 물, 올리브오일, 소금을 반죽용 용기에 넣고 뭉쳐줍니다(3~4분 정도). 랩을 씌워 30분 정도 실온에서 휴지시켜줍니다.

2 반죽을 80g씩 나눠 둥글게 만들어 모양을 잡아준 후 랩이나 헝겊을 덮어 20분 정도 휴지시켜줍니다.

3 반죽을 얇게 밀어 달군 프라이팬에 앞뒤로 구워줍니다.

4 모차렐라는 3~4장 정도로 얇게 슬라이스하고 토마토도 잘 씻어 슬라이스해 놓습니다. 구운 피아디나 위에 모차렐라, 프로슈토 크루도, 토마토, 루콜라를 넣고 반으로 접거나 돌돌 말아 드시면 됩니다. 토스트용 그릴에 준비한 피아디나를 넣고 꾹 누른 후 드셔도 좋아요.

• 프로슈토 크루도는 돼지고기 뒷다리를 익히지 않고 염장, 건조해 만든 이탈리아 생햄입니다.

• 피아다나는 속 재료에 따라 그 맛이 천차만별로 달라지죠. 여러 가지 다양한 레시피로 즐겨보세요.

에멘탈치즈 + 프로슈토 코토

스콰퀘로네치즈*Squacquerone* + 루콜라 + 프로슈토 크루도

그라나파다노치즈 + 루콜라 + 브레사올라*Bresaola*

바질소스 가지파니니

물소치즈파니니

Panino mediterraneo

지중해스타일 파니니

소스로 범벅해 맛을 내기보다는 속 재료의 맛을 그대로 끌어올리는 것이 이탈리아 스타일의 샌드위치죠. 바로 파니니 말입니다. 파니니는 햄과 치즈, 채소의 종류를 바꿔가며 즐기는 재미가 있어요. 이번에는 좀 더 색다른 재료의 배합으로 즐기는 파니니를 소개할게요. 선명한 색감이 더욱 먹음직스럽게 느껴지는 이 두 가지 파니니는 지중해의 감칠맛을 담고 있어요.

바질소스 가지파니니

재료 1인분

빵(바게트, 포카치아 등) 2쪽
가지 $\frac{1}{2}$개
토마토 $\frac{1}{2}$개
바질 페스토 1작은술
치즈 30g(브리, 에멘탈, 샌드위치용 치즈 각 10g씩)

1 가지는 얇게 슬라이스해 그릴 팬에 구워줍니다.

2 빵 위에 구운 가지, 치즈, 얇게 자른 토마토를 올리고 바질 페스토를 바른 뒤 다시 빵을 덮습니다.

• 바질소스(페스토) 만드는 방법은 131쪽을 참고하세요.

물소치즈파니니

재료 1인분

빵(바게트, 포카치아 등) 2쪽
빨강 · 노랑 파프리카 각각 $\frac{1}{2}$개씩
부팔라치즈(또는 샐러드용 모차렐라치즈) 30g
안초비 2조각

1 파프리카는 구워 껍질을 벗겨 사용합니다. 달군 프라이팬에 구워도 좋고(파프리카 표면이 짙은 갈색이 될 정도로 돌려가며 구운 후 포일에 싸두거나 뚜껑 있는 용기에 넣었다가 10~20분 정도 후 꺼내 껍질을 벗기면 쉬워요), 200도로 예열한 오븐에 10분 정도 구워 식힌 후 껍질을 벗겨주세요.

2 빵 한 쪽에 껍질을 벗긴 파프리카와 적당한 크기로 자른 부팔라치즈, 안초비를 올리고 빵을 덮습니다.

호두치즈 무화과파니니

햄고르곤졸라 무화과파니니

Due tipi di panini con fichi

두 가지 무화과파니니

15세기 때 음식에 설탕을 넣어 먹기 시작하면서 단맛과 짠맛의 조화가 생겨나기 시작했죠. 이탈리아에서 식전 음식으로 먹는 프로슈토를 곁들인 멜론도 이때부터 생긴 게 아닐까 짐작해 봅니다. 무화과와 치즈를 넣는 이 파니니 역시 단맛과 짠맛이 절묘하게 어우러져 소스 없이도 맛있죠. 무화과파니니를 두 가지 조금 다른 스타일로 소개합니다. '파니니'는 바게트 종류의 빵 사이에 속 재료를 넣고 간단하게 만든 이탈리아식 샌드위치를 말해요.

호두치즈 무화과파니니

재료 1인분

빵 2쪽
무화과 2~3개
호두 2~3개
3가지 치즈(브리, 에멘탈, 파르메산) 각 10g씩

1 빵 한 쪽에 잘 씻어 4쪽으로 자른 무화과와 잘게 자른 3가지 치즈, 호두를 넣고 빵을 다시 덮어 그릴 팬에 구워줍니다.

햄고르곤졸라 무화과파니니

재료 1인분

빵 2쪽
무화과 2~3개
고르곤졸라치즈 2큰술
햄(코파 또는 프로슈토 크루도)

1 빵 한 쪽에 잘 씻어 4쪽으로 자른 무화과와 고르곤졸라치즈, 햄을 올리고 빵으로 덮어 그릴에 구워줍니다.

• 파니니용 빵은 치아바타, 바게트, 통밀빵, 호밀빵 등 버터가 들어가지 않은 유럽식 빵을 사용하면 됩니다.

Toast brie e noci

호두브리토스트

별이 좋은 날이면 회사 근처 작은 식당에서 샐러드 한 접시 시켜놓고 햇볕에 맨 얼굴을 그대로 드러내고 식사하는 사람, 간단한 토스트 하나 시켜놓고 스마트폰 붙들며 여유로운 시간을 즐기는 사람들. 점심시간쯤 밀라노 시내를 지나다니면 쉽게 만날 수 있는 풍경입니다. 직장인들의 평범한 점심식사로 사랑받는 토스트를 소개할게요. 식빵과 햄, 치즈를 넣은 기본 레시피에 호두와 브리치즈를 넣어 풍미를 더한 호두브리토스트입니다. 밀라노 멋쟁이들의 까다로운 입맛을 만족시키기에 충분하죠.

재료 2인분

식빵 4장
브리치즈 80g
프로슈토 코토 2장
(또는 샌드위치용 햄)
호두 8알

1 식빵 위에 프로슈토 코토와 브리치즈를 잘라 올리고, 잘게 자른 호두를 넣은 후 다시 식빵으로 덮어요.

2 치즈가 녹을 정도로만 그릴 팬에 꾹 눌러주면 됩니다.

• 프로슈토는 돼지고기로 만드는 이탈리아 햄인데, 그중 스팀으로 익혀 분홍색을 띠는 것을 코토*cotto*라고 합니다. 맛이 순하고 부드러워 토스트, 파니니, 아이들 이유식에도 많이 이용되는 편이죠.

• • 샌드위치용 그릴을 사용한다면 충분히 예열한 후 준비한 샌드위치를 넣어야 납작해지지 않고 적당한 그릴 모양이 남은 채로 잘 구워집니다.
그릴 팬이 없다면 일반 코팅 프라이팬을 충분히 예열한 후 앞뒤로 구우면 됩니다.

Bruschetta

브루스케타

구운 빵에 토마토샐러드를 올리면 근사한 브루스케타가 되죠? 브루스케타는 응용 가능한 재료들이 너무나 많아서, 취향에 따라 무궁무진하게 표현할 수 있는 재미있는 요리예요. 좀 더 색다른 브루스케타를 만들어 손님 오는 날 대접해 보세요. 와인 안주로도 좋고 식전 요리로도 훌륭합니다.

리코타 보타르가브루스케타

재료 3-4인분

리코타치즈 100g
보타르가 20~30g
다진 실파 1작은술
레몬 $\frac{1}{2}$개
바게트 빵 4조각

1 용기에 리코타치즈와 다진 실파, 잘게 간 보타르가, 레몬 껍질 간 것, 레몬즙을 넣어 잘 섞은 후 구운 빵 위에 올립니다. 얇게 저민 보타르가를 한 점씩 장식하면 먹음직스러워요.

• 보타르가는 생선 알을 훈제해 만든 이탈리아 식재료입니다.

리코타 살라미브루스케타

재료 3-4인분

리코타치즈 200g
살라미 슬라이스 4~5장
다진 실파 1작은술
레몬 $\frac{1}{2}$개
빵 4~5조각

1 용기에 리코타치즈를 넣고 잘게 다진 실파와 레몬 껍질 간 것, 레몬 즙을 넣어 섞어요. 섞은 것을 살라미 위에 올리거나 살라미로 말아준 후, 이것을 구운 빵 위에 올려줍니다.

부라타 볶음채소브루스케타

재료 3~4인분

가지 1개
호박 $\frac{1}{2}$개
부라타치즈 250~300g
소금 · 올리브오일 약간
마늘 $\frac{1}{2}$쪽
페페론치노(작은 것) 1개
빵 4~5조각

1 가지는 채 썰어 소금을 살짝 뿌려뒀다가 물기를 빼고 짜줍니다.

2 프라이팬에 올리브오일을 두르고 슬라이스한 마늘과 페페론치노를 넣고 채 썬 호박과 물기 짠 가지와 함께 살짝 볶아줍니다.

3 부라타치즈를 잘라 구운 빵 위에 올리고 볶은 채소를 듬뿍 올려줍니다.

Torta salata ai carciofi

아티초크파이

손님 오는 날 준비하는 식전 요리는 보통 냉동 파이를 이용해 만드는 경우가 많죠. 냉동 파이 반죽에 아티초크와 스카모르차치즈를 넣어 구워봤습니다. 아티초크는 이탈리아어로 '카르초피*carciofi*'라고 해요. 슈퍼마켓 채소 코너에 자리 잡고 있는 거친 꽃 모양, 신기하고 요염하기까지 한 아티초크를 처음 봤을 땐 감히 집으로 들고 올 엄두를 내지 못했죠. 그러다 올리브오일에 절인 아티초크의 맛에 반하면서 친해지기 시작했죠. 손질하는 과정이 번거롭기는 하나, 고소한 맛과 씹히는 식감이 좋아 포기할 수 없는 식재료랍니다.

재료 지름 24~26cm 1개

냉동 파이 반죽 110~120g
(또는 손 반죽)
아티초크 3~4개
스카모르차치즈 150g
소금 · 후춧가루 약간
다진 프레제몰로 1큰술
올리브오일 약간
레몬 1개

1 냉동 파이 반죽은 상온에 둡니다(1시간 후 사용하는 게 좋아요). 아티초크를 손질합니다. 안쪽의 흰 부분(연한 부분)이 나올 때까지 겉껍질을 벗겨냅니다. 윗부분을 $\frac{1}{3}$ 정도 잘라내고 세로로 반으로 잘라요.

2 아티초크 안쪽의 꽃술 부분을 파낸 후 편으로 잘라 레몬즙 섞은 물에 담가놓습니다. 변색되는 것을 막기 위해서예요.

3 상온 보관한 냉동 파이 반죽은 오븐용 파이 용기에 잘 펼쳐놓고 스카모르차치즈도 잘게 잘라 놓습니다.

4 레몬 물에 담가 놓은 아티초크를 건져 물기를 뺀 후 프라이팬에 올리브오일을 두르고 볶아줍니다. 이때 잘게 다진 프레제몰로도 1큰술 넣고 함께 볶아요. 소금, 후춧가루로 간을 합니다.

5 냉동 파이 반죽 위에 식힌 아티초크 볶음을 넣어 잘 펴준 후 스카모르차치즈를 올리고 200도로 예열한 오븐에서 30분 정도 구워줍니다.

• 냉동 파이 반죽은 설탕이 들어가지 않은 것으로 사용하세요.

• • 아티초크는 딱딱한 껍질을 벗겨 꽃술을 발라내고 연한 속 부분만 먹는 것인데 색깔이 쉽게 변하는 탓에 송이째로 사서 요리하기 전에 바로 다듬어야 합니다. 아티초크는 겨울부터 봄까지 맛볼 수 있는 개성이 강한 채소입니다.

Frittata di asparagi

아스파라거스프리타타

여러 가지 채소를 뚝딱뚝딱 채 썰어 달걀에 치즈 가루 풀어 넣고 지글지글 부쳐 먹는 이탈리아식 부침을 '프리타타'라고 해요. 프리타타에는 치즈와 달걀이 꼭 들어가야 제맛이 나죠. 그리고 빈대떡처럼 두꺼워야 하고요! 소속은 식전 요리, 안티파스토*Antipasto*이지만, 엄마들은 집에서 한 끼 식사로도 먹는답니다.

재료 3-4인분

아스파라거스 500g
달걀 6개
파르메산치즈 100g
소금 · 후춧가루 약간
대파 1개(또는 작은 양파 1개)
식용유 약간

1 볼에 달걀을 잘 풀어 치즈 가루와 소금, 후춧가루를 넣고 섞어주세요. 아스파라거스는 잘 씻어 다듬어 잘게 썰어주세요(아래쪽 단단한 부분은 잘라내고 사용합니다).

2 팬에 기름을 두르고 아스파라거스와 잘게 썬 대파를 볶은 후 소금으로 간해요. 채수가 있다면 1~2국자 넣어가며 5분 정도 익히고, 없으면 물로 대신합니다.

3 풀어놓은 달걀에 ②의 볶은 아스파라거스와 대파를 섞은 후 파르메산치즈를 갈아 넣고 새로운 팬에 기름을 두르고 부쳐줍니다. 약한 불에서 10분 정도 앞뒤로 잘 익혀주세요.

• 프리타타를 뒤집어 익힐 때 아주 넓은 뒤집개를 사용하지 않으면 익지 않은 윗부분이 흘러내려 모양이 망가지기 쉬워요. 그럴 땐 큰 접시로 프리타타를 덮은 채 뒤집어 반죽을 접시로 옮긴 뒤 다시 익지 않은 면이 밑으로 가도록 프라이팬에 옮기면 돼요. 이 방법이 싫다면 작게 부치거나, 오븐을 이용해 구울 수도 있어요. 오븐 팬에 기름을 살짝 두르고 200도로 예열한 오븐에서 25분 정도 구워주면 됩니다.

Frittata con le cipolle

양파호박프리타타

양파와 호박. 냉장고 속에 늘 굴러다니는 재료로 만든 이탈리아식 달걀부침입니다. 채소와 달걀이 어우러지는 레시피를 보면서 달걀말이의 맛을 상상하실지도 모르겠네요. 하지만 치즈로 간을 해 짭조름한 풍미가 좋은, 어엿한 하나의 요리랍니다. 프리타타는 치즈와 달걀이 들어가 든든한 한 끼로 즐기기에도 충분하죠.

재료 2-3인분

양파 ½개
애호박 1개
달걀 6개
치즈 가루 50g
소금 · 후춧가루 약간
올리브오일 약간
실파 또는 프레제몰로 약간
(생략 가능)

1 양파는 채 썰고 애호박은 0.6cm 정도 두께로 슬라이스해요. 올리브오일을 두른 프라이팬에 볶아줍니다.

2 볼에 달걀과 치즈 가루를 넣어 잘 섞어요. 취향에 따라 프레제몰로나 실파도 잘게 잘라 넣어주세요.

3 양파와 호박을 볶아놓은 ①의 프라이팬에 풀어놓은 달걀을 넣고 익힌 후 넓은 접시를 이용해 프라이팬 채로 뒤집어요. 반대쪽 면이 밑으로 가도록 다시 팬으로 옮겨 구워줍니다.

• 20cm 프라이팬을 사용하면 딱 알맞게 요리할 수 있는 양입니다.

• • 프리타타에 넣는 치즈 가루는 파르미자노치즈나 그라나파다노치즈, 양젖치즈 정도가 좋은데 슈라는 주로 파르미자노치즈를 사용해요.

Focaccia

포카치아

올리브 향이 고소하게 배어 있는 이탈리아의 국민간식 포카치아입니다. 넓은 판에 구워 큼직하게 썰어 먹는 것이 오리지널이지만, 슈라는 적당히 먹기 좋은 크기로 만들어봤어요. 담백한 맛이 매력인 포카치아는 만들어 두면 자꾸만 손이 가는 이탈리아 대표 빵이랍니다. 올리브오일을 아끼지 말고 넉넉히 넣어 만들어야 제대로 된 포카치아의 맛을 즐길 수 있어요.

재료 지름 9cm 빵 11~12개

반죽
강력분 500g
물 370g
올리브오일 50g
소금 10~15g
물엿 1작은술
드라이이스트 5g

감자 · 블랙올리브 약간
양파 · 토마토 약간
오븐 팬에 바를 올리브오일 약간

1 반죽 볼에 분량의 이스트와 물, 올리브오일, 물엿을 넣고 풀어줍니다. 밀가루를 넣고 반죽이 뭉쳐지면 소금을 넣어 반죽을 시작합니다. 반죽이 많이 묽기 때문에 반죽기 사용을 권합니다(반죽기가 없다면 처음엔 주걱으로 10분, 그다음 손 반죽으로 10분쯤 치대야 하는데 반죽이 묽어서 좀 힘들어요).

2 반죽을 잘 뭉쳐 랩을 씌워 반죽이 두 배로 부풀 때까지 1시간 정도 기다립니다.

3 부푼 반죽을 몇 번 치대어서 가스를 빼고 70~80g씩 덩어리를 나눠요. 오븐용 틀에(슈라는 미니 케이크용 원형 틀을 사용했어요) 올리브오일을 2작은술 정도 뿌리고 반죽을 하나씩 올려 30분 정도 둡니다.

4 30분 후 반죽 위에 올리브, 토마토, 양파, 감자 등 취향에 따라 좋아하는 재료를 올리고 200도로 예열한 오븐에 20분 정도 구워줍니다.

• 반죽을 일반 사각 틀에 넣고 넓적하게 한 판으로 구워도 됩니다.

고기 요리

Secondo

Maiale con salsa di arance

돼지고기오렌지조림

돼지고기 안심으로 다양한 요리들을 만들 수 있지만, 그중에서도 돼지고기오렌지조림은 강렬한 첫인상과 맛으로 먹고 난 후에도 오래 기억에 남는 요리입니다. 깔끔하고 달콤한 맛이 좋아 색다른 고기 요리를 찾고 계신 분들에게 추천하고 싶어요. 오렌지 향이 돼지고기의 잡맛을 잡아주어 깔끔하고 달콤합니다.

재료 3인분

돼지고기 안심 800g
오렌지(큰 것) 2개
양파(작은 것) $\frac{1}{2}$개
밀가루 약간
소금 3g
올리브오일 약간

1 오렌지는 껍질 부분만 얇게 벗겨 뜨거운 물에 2분 정도 끓여 쓴맛을 빼줍니다. 오렌지 과육은 즙을 짜 놓습니다(150ml 정도).

2 돼지고기 안심은 2.5cm 두께로 잘라 밀가루를 묻혀요.

3 프라이팬에 올리브오일을 두른 후 슬라이스한 양파를 볶고 돼지고기를 넣어 앞뒤로 노릇하게 구워줍니다. 오렌지즙과 소금도 넣고 15분 정도 중불에서 익혀줍니다.

4 ①의 오렌지 껍질을 얇게 채 썰어 익힌 돼지고기에 올려 냅니다.

Involtini di carne

고기양배추말이

고기양배추말이는 서양 요리책에서 흔히 기본으로 등장하는 레시피 중 하나죠. 대부분은 빵가루를 섞어 만드는 레시피지만, 슈라가 이탈리아에서 배운 레시피는 쌀을 넣어 만드는 방식이에요. 한 그릇 요리로 충분한, 담백하고 든든한 맛의 요리입니다.

재료 3~4인분

다진 돼지고기 300g
살시체 400g
모타델라(또는 햄) 120g
쌀 80g
양파(중간 크기) 1개
양배추 10장
소고기 육수 800ml
(또는 비프스톡 1개 + 물 800ml)
후춧가루 · 굵은소금 약간
올리브오일 약간

1 냄비에 물과 굵은소금을 넣고 끓으면 양배추 잎을 넣고 살짝 데쳐내요. 두꺼운 윗부분은 잘라줍니다.

2 프라이팬에 올리브오일을 두르고 잘게 다진 양파와 쌀을 넣어 볶다가, 육수 300ml를 넣고 15분 정도 중불에서 잘 저어가며 익힙니다. 그리고 식혀줍니다.

3 볼에 다져놓은 모타델라와 다진 고기, ②의 익힌 쌀을 함께 넣고 잘 섞어줍니다. 데친 양배추 위에 섞은 속을 적당히 집어 뭉쳐서 올리고 잘 싸줍니다.

4 오븐용 그릇에 가지런히 양배추말이를 놓고 육수 500ml를 부어요. 200도로 예열한 오븐에서 30~40분 정도 익힙니다. 이때 육수는 뜨거운 것을 넣으면 좋습니다.

5 오븐에서 꺼내 취향에 따라 치즈(파르미자노) 가루를 뿌려 드셔도 좋습니다.

• 모타델라*mortadella*는 볼로냐 지방의 햄입니다. 한국인 입맛에 익숙한 옛날 소시지 맛 같은 부드럽고 고소한 풍미가 있어요. 돼지비계를 깍둑썰기해 넣어 만들어서 중간에 하얀 점이 박힌 것처럼 보이는데 이 때문에 햄이 더 부드럽죠.

Arrosto di vitello

송아지고기 아로스토

한국에선 보쌈이나 편육을 만들어 먹는 날이면 식구들이 '손님이 오시려나?' 하고 기대하게 되죠. 이탈리아에선 고기 찜 요리인 아로스토가 손님 오는 날 먹는 단골 요리랍니다. 일요일에 먹는 고기 요리이기도 하고요. 재료의 응용으로 색다른 맛을 느낄 수도 있지만 감자를 곁들이는 것이 기본 레시피입니다. 이 기본 아로스토는 언제나 사랑받는 이탈리아인들의 일요일 점심 정찬 메뉴죠.

재료 4-5인분

송아지고기 1~1.2kg
화이트와인 $\frac{1}{2}$컵
올리브오일 4큰술
채수 0.8~1L
굵은소금 2작은술
밀가루 1큰술
후춧가루 약간
로즈메리 · 살비아 잎 약간
감자(중간 크기) 3~4개
버터 약간

1 고기는 살비아 잎, 로즈메리와 함께 실로 잘 묶어준 후, 팬에 올리브오일과 버터를 두르고 앞뒤로 잘 구워줍니다. 한 면당 강한 불에서 4~5분 정도 구워주면 돼요.

2 ①의 팬에 화이트와인을 부은 후(불이 붙을 수 있으니 잠시 불 세기를 약하게 한 후 부어주세요) 1분 정도 지나 알코올 성분이 날아간 후 채수와 소금을 넣어 끓입니다. 1시간 정도는 중불에서, 나머지 30~40분 정도는 약불에서 조려줍니다.

3 곁들임 감자는 적당한 크기로 썰어 소금을 뿌리고 로즈메리를 올려 올리브오일을 두른 후 200도로 예열한 오븐에 40~50분 정도 구워요(오븐에 굽는 대신 감자를 소금물에 5분 정도 삶아 프라이팬에 로즈메리 잎과 함께 구워도 좋아요).

4 ②의 팬에 국물이 어느 정도 졸여지고 소스를 만들 수 있는 양(50~70ml) 정도만 남았다 싶으면 고기를 꺼내고 밀가루 1큰술을 넣어 살짝 걸쭉하게 만들어줍니다.

5 꺼낸 고기를 적당한 크기로 자르고 소스를 고기 위에 부어요. 구운 감자를 곁들여 냅니다.

• **채수 만들기는 24쪽을 참고하세요.**

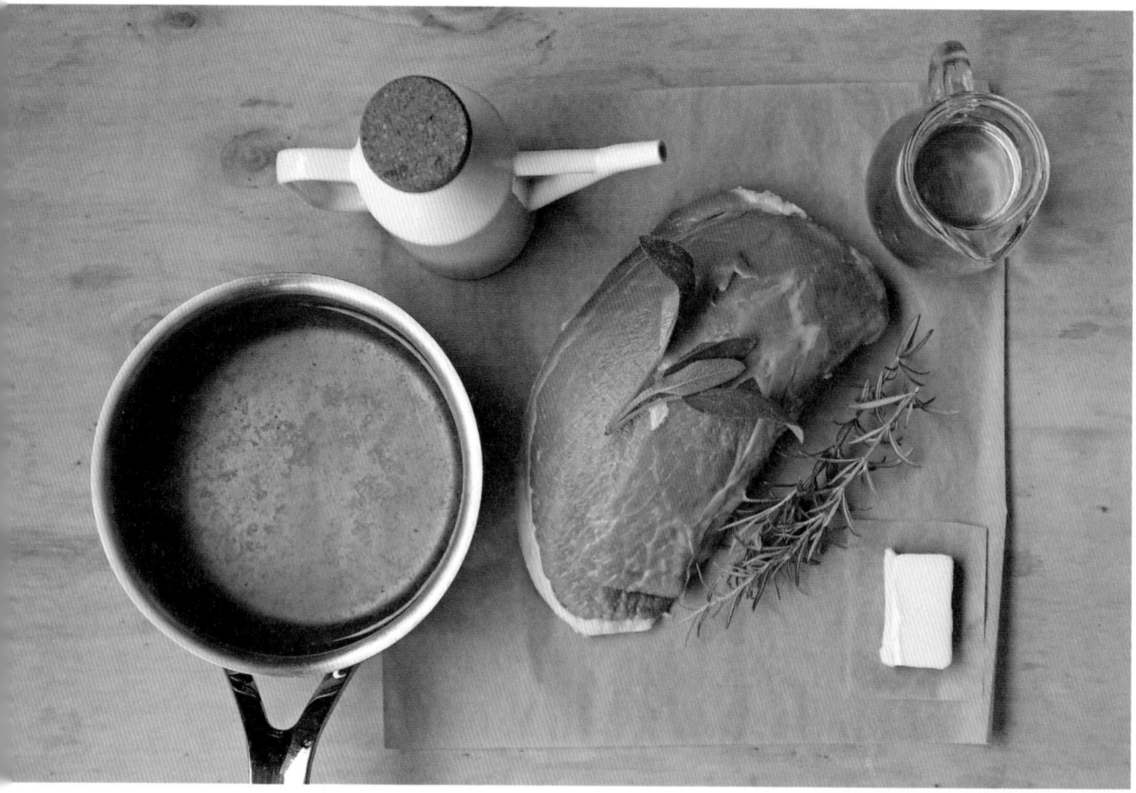

STAUB

Involtini di carne prosciutto e scamorza

햄과 치즈를 넣은 고기말이

속재료를 바꿔가며 고기를 돌돌 말아 익혀 먹는 고기말이예요. '속에 무엇이 들었을까?' 먹는 사람은 궁금하고, 만드는 사람은 재미있는 요리죠. 재료에 변화를 주어 늘 먹는 고기 요리라도 그 맛을 다르게 즐길 수 있답니다. 이탈리아에서 고기 요리는 파스타나 리소토를 먹은 후 먹기 때문에 한국 분들이 생각하는 양보다는 적을 수 있어요.

재료 2인분

불고기감 6장(80~100g)
프로슈토 코토(또는 햄) 6장
스카모르차치즈(슬라이스) 6장
채수 1컵(또는 물 1컵+스톡 5g)
화이트와인 2~3큰술
후춧가루 약간
살비아 잎 6장

1 고기는 얇고 넓게 자른 불고기감으로 준비하세요. 고기를 펴서 햄과 치즈를 넣어 돌돌 말아줍니다. 옆 부분으로 녹은 치즈가 새어 나가지 않도록 잘 마무리해주세요.

2 돌돌 만 고기 끝 부분에 살비아 잎을 올리고 이쑤시개로 고정하여 마무리합니다.

3 프라이팬에 말아놓은 고기를 앞뒤로 구운 후 화이트와인을 넣어주세요.

4 와인 향이 날아가면 채수를 넣고 20분 정도 익힙니다. 후춧가루를 뿌려 마무리합니다.

- **채수 만들기는 24쪽을 참고하세요.**

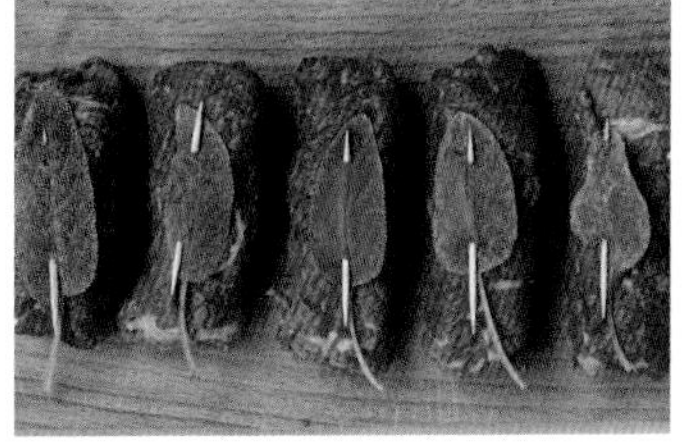

Involtini di carne con noci

호두를 넣은 고기말이

고기와 빵이 한꺼번에 들어간 이 고기말이는 사실 남은 재료의 응용이라 해도 좋을 만큼 평범한 가정식입니다. 빵이 남은 날, 고기가 남은 날, 햄과 채소가 남은 날, 한꺼번에 다져 넣으면 또 다른 음식으로 탄생하죠. 이탈리아 주부들에게도 이처럼 좋은 메뉴가 없답니다. 빵가루와 다진 호두를 넣어 씹히는 식감이 좋은 고기말이를 소개합니다.

재료 2인분

얇고 넓게 자른 불고기감 6장 (80~100g)
식빵 2장
우유 1컵
호두 8~9개
마늘 1쪽
다진 프레제몰로 1작은술
소금·후춧가루 약간
살비아 잎 6장
올리브오일 약간
채수 1컵

1 속을 준비합니다. 빵은 일반 빵을 사용해도 좋지만 씨앗이 들어간 식빵, 통밀빵, 호밀 식빵이면 더 좋아요. 빵을 우유에 담가 1분 정도 지나 부드러워지면 건져 대충 손으로 짜 줍니다.

2 젖은 식빵과 호두, 마늘, 프레제몰로, 소금, 후춧가루를 믹서에 넣고 갈아줍니다.

3 고기를 넓게 펴고 갈아놓은 속재료를 넣고 속이 넘치지 않게 잘 말아서 싼 후 살비아 잎을 올리고 이쑤시개로 마무리합니다.

4 프라이팬에 기름을 두르고 고기말이를 앞뒤로 갈색이 날 정도로 익힙니다. 소금 간을 한 후 채수 1컵을 넣고 뚜껑을 덮어 30분 정도 중불에 익힙니다.

• 구운 감자나 토마토 샐러드를 곁들이면 좋아요. 채수 만들기는 24쪽을 참고하세요. 채수 준비하기가 번거로우면 물로 대체하되 소금을 1g 정도 넣어주세요.

•• 프레제몰로는 이탈리아 파슬리입니다. 다양한 요리에 뿌려 먹어요.

Spezzatino di manzo con patate

소고기감자토마토조림

스튜 스타일의 요리이지만 재료와 조리는 시간을 최소한으로 줄여, 집에서 만들기에도 부담스럽지 않아요. 겨울엔 자작하게 국물이 있게 만들어도 좋고, 여름엔 국물 없이 졸여낸 스타일이 잘 어울리죠. 취향에 따라 즐기시면 됩니다.

재료 4인분

감자(중간 크기) 3개
소고기 300~400g
채수 500ml
토마토 콘첸트라토 50g
(또는 토마토퓌레 200g)
굵은소금 3g
밀가루 · 후춧가루 약간
올리브오일 약간

1 소고기는 사각형 주사위 모양으로 잘라 밀가루를 묻혀요.
감자는 껍질을 벗겨 소고기와 비슷한 크기로 잘라 찬물에 5분 정도 담가둬요.
프라이팬에 올리브오일을 두른 후 소고기를 구워줍니다.

2 ①의 팬에 채수와 토마토 콘첸트라토를 넣고 20분 정도 중불에서 끓입니다.

3 ②의 팬에 감자를 넣어 30분 정도 더 끓여주면 됩니다. 이때 소금 간을 해 주세요. 후춧가루도 뿌리고 취향에 따라 실파, 프레제몰로를 다져 넣어도 좋습니다.

• 고기를 익히는 시간 20분, 감자를 넣고 익히는 시간 30분, 총 50분 정도 익히는 요리입니다. 국물이 자작한 스타일로 만들고 싶다면 채수를 500ml 더 추가하면 돼요.

•• 채수 만들기는 24쪽을 참고하세요.

••• 토마토 콘첸트라토는 토마토를 갈아 오랫동안 끓여 농축시킨 것으로 고추장과 질감이 비슷해요. 프레제몰로는 이탈리아 파슬리입니다.

Bistecca con salsa piemontese

피에몬테 스타일의 소스를 곁들인 스테이크

약간의 소금과 로즈메리 잎을 넣어 구운 스테이크는 평상시 즐기는 기본 스테이크죠. 여기에 요즘 이탈리아의 젊은 주부들은 색다른 소스를 곁들여 먹는 것을 즐긴답니다. 이탈리아의 북쪽 산동네에서 푹 삶아 놓은 육수용 고기를 찍어 먹던 피에몬테 스타일의 소스도 그중 하나죠. 스테이크와도 잘 어울리는 시큼하고 부드러운 맛이 깔끔하게 느껴지는 소스입니다.

재료 2인분

소스
양파피클 100g
오이피클 50g
마늘 1쪽
안초비 3~4조각
케이퍼 1작은술
마요네즈 100g
프레제몰로 4~5줄기

스테이크용 고기 200g×2

1 마요네즈를 제외한 소스 재료를 믹서에 넣고 갈아줍니다.
양파피클이나 오이피클이 살짝 씹힐 정도로만 갈아줍니다.

2 갈아놓은 소스에 마요네즈를 넣고 섞은 후 잘 구운 스테이크에 곁들입니다.

• 양파피클과 오이피클은 시판 제품으로 달지 않은 것을 썼어요.
프레제몰로는 이탈리아 파슬리입니다. 다양한 요리에 뿌려 먹어요.

•• 스테이크 굽는 요령을 간단히 알려드릴게요. 집에서 굽는 스테이크용 고기의 두께를 보통 1.5~2cm라 했을 때의 방법입니다. 뜨겁게 가열된 무쇠 프라이팬 또는 일반 프라이팬에 버터나 올리브오일을 살짝 두르고 고기를 올립니다. 이때 불은 제일 센 불이어야 하고요. 1분 정도 지나 윗면으로 옅은 선홍색 핏물이 올라오기 시작하면 뒤집어 굽습니다. 강한 불에서 1분~1분 30초 정도 더 구우면 미디엄 정도의 굽기로 익은 것입니다.

Bistecca con salsa di vino rosso

와인소스를 곁들인 스테이크

늘 궁금했던 레스토랑 스테이크 소스 중 하나가 와인소스였어요. 슈라가 가장 기본이라 할 수 있는 와인소스 레시피를 알려드릴게요. 꿀과 와인, 양파를 넣는 것이 기본으로, 그다음은 레스토랑마다 특제 소스라 하여 알려주지 않는 재료가 더 들어가겠죠. 입맛에 맞게 좋아하는 재료를 추가해 나만의 소스로 발전시켜 보세요. 손님 오는 날 스테이크를 대접하는 뿌듯함을 느낄 수 있을 것입니다.

재료 2인분

샬롯(또는 양파 작은 것) 1개
버터 20g
밀가루 10g
레드와인 200ml
꿀 20~30g
소금 · 후춧가루 약간
스테이크용 고기 200g×2

1 샬롯을 잘게 다져 버터, 밀가루와 함께 프라이팬에 볶아줍니다.

2 ①의 팬에 레드와인과 꿀을 넣고 12~15분 정도 중불에서 끓여 졸인 후 소금, 후춧가루로 간을 하여 마무리합니다. 잘 구운 스테이크에 곁들여요.

• 소스에 파프리카를 같이 볶아 넣어도 좋고요, 꿀 대신 통조림 파인애플 속 주스를 넣고 구운 파인애플을 곁들여도 좋아요. 또 마지막에 소스 팬의 불을 끄고 발사믹식초 15ml 정도를 넣어 마무리해도 색다른 맛이 나요.

• • 샬롯(스칼로뇨)은 양파의 동생 격으로 크기가 작고 조직이 얇고 수분이 적어요. 양파로 충분히 대체 가능합니다.

Filetto con salsa di senape

겨자소스를 곁들인 안심스테이크

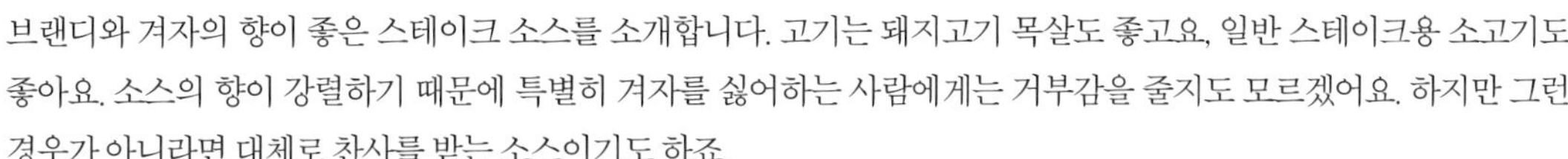

브랜디와 겨자의 향이 좋은 스테이크 소스를 소개합니다. 고기는 돼지고기 목살도 좋고요, 일반 스테이크용 소고기도 좋아요. 소스의 향이 강렬하기 때문에 특별히 겨자를 싫어하는 사람에게는 거부감을 줄지도 모르겠어요. 하지만 그런 경우가 아니라면 대체로 찬사를 받는 소스이기도 하죠.

재료 4인분

스테이크용 안심 150g×4
브랜디 25ml
생크림 250g
겨자 1큰술
통후추 1작은술
비프스톡 $\frac{1}{2}$개

1 프라이팬을 달군 후 안심을 앞뒤로 각각 30초~1분 정도 구워줍니다. 고기를 빼낸 팬에 브랜디를 뿌리고 통후추를 넣어줍니다.

2 생크림과 겨자, 비프스톡을 넣고 8분 정도 약불에서 끓여줍니다.

3 소스 팬에 다시 고기를 넣어 1분 정도 데운 후(소스가 고기에 잘 붙도록) 서브합니다.

• 통후추는 흑후추, 적후추, 백후추가 함께 섞인 것으로 쓰세요.

Ossobuco

오소부코

이탈리아 정육점에 가면 같은 소고기인데 특이한 모양으로 잘라놓고 팔아서 도대체 어떻게 요리하는 것인지 궁금해지는 부위가 있어요. 바로 이 오소부코, 구멍 난 뼈 고기입니다. 사태 부분의 고기인데 오래오래 푹~ 익혀 먹어야 제맛이 나요. 겨울에 먹으면 더욱 맛있는 스튜 스타일의 고기 요리입니다.

재료 4인분

오소부코 4쪽
셀러리 · 양파 각각 100g씩
당근 100g
마른 포르치니 버섯 20g
레드와인 1컵
토마토소스 500g
채수 800ml
소금 3~4g
후춧가루 약간
올리브오일 약간

1 마른 포르치니 버섯은 물에 20분 정도 불려 잘게 자르고, 양파와 당근, 셀러리는 씻어 다듬어 적당한 크기로 깍둑썰기합니다.

2 ①의 재료들을 프라이팬에 올리브오일을 두르고 볶아주고, 오소부코는 다른 팬에서 앞뒤로 5분 정도 강한 불에서 구워줍니다.

3 채소 볶은 것과 고기를 한 팬에 합쳐서 레드와인을 붓고 끓여요. 3분 정도 후 알코올 성분이 날아가면 채수를 넣고 소금 간을 합니다. 토마토소스를 넣고, 처음 30분은 강한 불에서, 1시간 30분 정도는 중불에서 조려줍니다.

4 마지막 소금 간은 취향에 따라 하시고 후춧가루를 뿌려 내면 됩니다.

• 밀라노의 전통적 요리로 샤프란 향 가득한 밀라노식 리소토와 함께 곁들여 먹는 것이 일반적입니다.

• • 채수 만들기는 24쪽을 참고하세요.

Pollo alla mediterranea

지중해식 닭고기조림

초보자도 쉽게 만들 수 있는 이탈리아 고기 요리예요. 간단한 재료와 레시피라서 슈라네 식탁에 자주 오르는 메뉴 중 하나랍니다. 신선한 토마토소스는 꼭 닭고기가 아니더라도 얇게 자른 불고기용 소고기나 생선과도 맛있게 잘 어울리죠.

재료 4인분

닭가슴살 600g
화이트와인 $\frac{1}{2}$컵
방울토마토 100g
블랙올리브 70~90g
올리브오일 약간
소금·후춧가루 약간
마늘 2쪽

1 닭가슴살은 적당한 두께로 얇게 저며 소금과 후춧가루를 뿌려 밑간해요. 잘 달군 프라이팬에 올리브오일을 두르고 닭가슴살을 올려 앞뒤로 구운 후 화이트와인을 넣고 2분 정도 졸입니다.

2 슬라이스한 마늘과 4등분한 방울토마토, 블랙올리브를 넣고 2분 정도 더 섞어주듯 졸이면 완성입니다.

- **1, 2번 과정 모두 강한 불에서 조리하세요.**

Petto di pollo ai funghi

닭가슴살버섯와인조림

접시에 담긴 모양새로는 큰 감동을 주지 못하지만 일단 한 번 맛을 보고 나면 따라 만들어보고 싶고, 누구에게라도 대접해보고 싶은 욕심이 나는 요리랍니다. 닭가슴살 대신 송아지고기를 이용하는 레시피도 있지만, 닭가슴살을 이용하는 것이 실패 없이 늘 한결같은 식감을 완성할 수 있죠.

재료 4인분

마른 포르치니 버섯 30g
양송이버섯 9~10개
얇게 저민 닭가슴살 5~6쪽
마늘가루·생강가루 약간
소금·후춧가루 약간
마르살라 또는 레드와인 ½컵
소고기 육수 ½컵
(또는 비프스톡 5g+물 ½컵)
올리브오일 약간
밀가루 약간

1 마른 포르치니 버섯은 물에 담가놓은 후 20분이 지나 부드러워지면 물을 갈아 씻어주세요. 얇게 편으로 잘라놓은 양송이버섯과 함께 올리브오일에 볶아둡니다.

2 0.5cm 정도의 두께로 얇고 넓적하게 잘라놓은 닭가슴살에 소금, 후춧가루, 마늘가루, 생강가루를 골고루 뿌려 간을 한 후 밀가루를 묻혀 올리브오일 두른 프라이팬에서 살짝 익혀줍니다.

3 구운 닭가슴살을 꺼낸 후 불이 있는 상태의 프라이팬에 와인을 부어요. 1분 정도 지나 알코올 성분이 날아가면 육수와 볶아 놓은 버섯을 넣고 2분 정도 끓입니다. 익혀놓은 닭가슴살도 넣어 버섯과 함께 와인 육수에 10~15분 정도 조려줍니다.

• **마르살라**는 이탈리아 시칠리아섬 서쪽에 있는 항구도시 마르살라*marsala*를 중심으로 생산되는 같은 이름의 와인입니다. 장기 보존이 가능하도록 알코올을 추가한 주정 강화 와인이죠. 알코올도수가 일반 와인이 11~14도라면, 마르살라는 15~20도 정도로 높은 편이에요. 케이크나 고기 요리에 자주 쓰여요.

Maiale con salsa di mele

돼지고기사과조림

한국에서 장조림으로 많이 요리하는 돼지고기 안심은 이탈리아에서도 평범한 가정식 요리 재료로 사랑받고 있어요. 우리에겐 생소한 사과와 발사믹, 와인과의 조합으로 만든 요리이지만 그 맛은 한국인들에게도 친숙합니다. 달콤하고 담백한 돼지고기 요리입니다.

재료 3인분

돼지고기 안심 800g
사과 2개
양파(작은 것) 2개
마늘 1쪽
화이트와인 $\frac{1}{2}$잔
발사믹 식초 2~3큰술
올리브오일 약간
소금 · 후춧가루 약간
물 $\frac{1}{2}$컵

1 돼지고기 안심을 2.5cm 두께로 잘라 넉넉한 크기의 프라이팬에 올리브오일을 두르고 구워요. 처음 2분 정도 굽다가 고기를 뒤집어 슬라이스한 마늘, 양파와 함께 2분 정도 더 구워줍니다.

2 ①의 팬에 화이트와인을 넣고 30초쯤 끓이다가, 껍질을 벗겨 잘게 자른 사과를 넣고 10분 정도 중불에서 졸입니다. 이때 소금 간을 해요. 물을 넣고 다시 10분 정도 뚜껑을 닫고 익혀요. 후춧가루로 간을 합니다.

3 고기를 건져내고 팬에 남은 조린 사과와 양파는 발사믹 식초와 함께 믹서에 넣고 갈아 소스를 완성합니다.

4 접시에 고기를 올리고 소스를 부어요. 파슬리 또는 실파를 다져 올려도 좋습니다.

Vitello tonnato

비텔로토나토

피에몬테 지방(북쪽 산 지방)을 대표하는 송아지 요리로, 식초에 절인 채소의 새콤함과 마요네즈의 부드러움이 가미된 고급스러운 맛이에요. 냉장 보관 후 차게 먹을 수 있는 고기 요리로 여름 손님상에 자주 올리는 메뉴입니다. 첫인상이 끝없는 느끼함을 전해주는 비주얼이지만, 상상 외의 담백함에 놀라운 깔끔한 맛까지. 극찬이 끊이지 않는 고기 요리입니다.

재료 4~5인분

송아지고기 800g
(우둔살 또는 홍두깨살)
양파 $\frac{1}{2}$개
당근 $\frac{1}{2}$개
셀러리 1대
월계수 잎 1장
소금 1작은술

소스
통조림 참치 120g
안초비 6조각
양파피클 80g
오이피클 80g
마요네즈 150g
케이퍼 50g

1 송아지고기와 양파, 당근, 셀러리, 월계수 잎, 소금을 냄비에 넣고 고기가 잠길 정도로 물을 채워 40~50분 정도 강한 불에서 삶아 그대로 식힙니다.

2 마요네즈를 제외한 소스 재료는 물기와 기름기를 체에 걸러낸 후 믹서에 넣고 갈아요. 이것을 마요네즈와 섞어 버무립니다.

3 삶아 식힌 고기를 냄비에서 꺼내 얇게 잘라 접시에 올린 후 소스를 곁들이면 됩니다.

• 손님 오는 날 완성 접시 위에 실파와 케이퍼를 장식으로 올려 내도 좋습니다.
고기를 삶고 남은 육수는 냉장 보관했다가 리소토나 수프를 만들 때 사용하세요.
양파피클과 오이피클은 시판제품을 사용했어요.

Petto di pollo impanato con patate arrosto

닭가슴살코톨렛타와 감자구이

고기에 빵가루를 묻힐 때의 순서는? 밀계빵! '밀가루-계란-빵가루'를 줄여 어릴 적 가사 선생님께서 가르쳐주신 말이랍니다. 밀라노 사람들이 즐겨 먹는 코톨렛타(커틀릿)는 송아지고기에 빵가루를 묻혀 구워낸 요리예요. 친구들과 코톨렛타를 만드는데 '밀계빵' 순으로 요리하는 친구가 있는가 하면, 어떤 친구는 밀가루 없이 달걀과 빵가루만 사용하고, 또 어떤 친구는 빵가루만 묻혀 기름에 굽는 거예요. 밀가루, 달걀 없이도 고기에 빵가루를 꾹꾹 누르면 잘 묻는다는 것, 밀가루를 묻히면 오히려 식감이 무거워진다는 것을 배웠습니다. 요리엔 정답이 없죠.

재료 4인분

닭가슴살 4조각(300g)
빵가루 3큰술
옥수숫가루 2~3큰술
소금 · 후춧가루 약간
올리브오일 약간
달걀 1개

감자구이
감자 3~4개
소금 2g
올리브오일 3큰술
로즈메리 잎 1줄기

1 손질한 닭가슴살에 소금, 후춧가루를 뿌리고, 빵가루와 옥수숫가루는 합쳐놓아요. 닭가슴살에 달걀물을 묻힌 후 빵가루와 옥수숫가루 합친 것을 묻혀 올리브오일을 조금 두른 팬에 앞뒤로 노릇하게 구워줍니다.

2 감자를 한 입 크기로 잘라 소금물에 잠시 삶아 건져내어 물기를 닦아요. 오븐 팬에 올리브오일을 두르고 감자를 로즈메리와 함께 놓고 180도로 예열한 오븐에서 20분 정도 굽습니다.

• 식당에서 코톨렛타에 반드시 따라오는 것이 감자구이랍니다. 원래는 코톨렛타에 송아지고기를 사용하는데 슈라는 닭가슴살이나 칠면조 가슴살을 자주 이용해요. 가격도 저렴하고 무엇보다 육질이 부드럽고 담백하기 때문이죠. 빵가루에 치즈 가루 1작은술(파르메산치즈)을 섞어 묻히면 더욱 감칠맛이 나요.

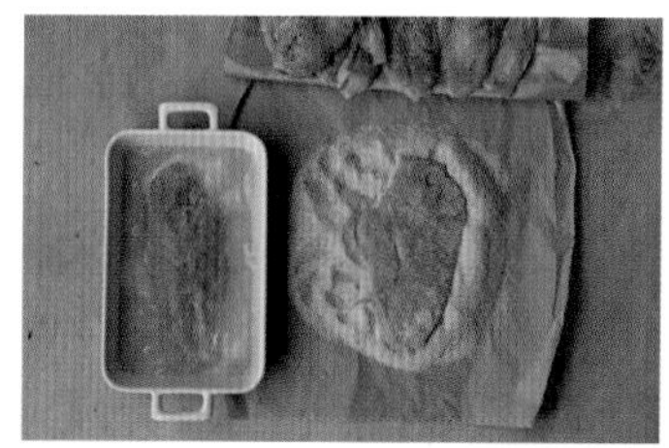

Pollo al vino bianco

닭고기와인조림

닭 한 마리 또는 닭가슴살만 넣어 만들어도 좋아요. 가정식 레시피의 특징은 특별한 레시피가 아닌 경우, 보통은 재료 한두 가지 빠져도 맛이 난다는 것이죠. 혹은 집 안 어딘가에서 찾아낼 수 있는 재료로 대체할 수도 있어요. 닭고기와인 조림도 화이트와인이 없다면 맥주나 레드와인으로도 대체 가능합니다.

재료 4인분

닭고기 1마리(800g)
화이트와인 250~300ml
양파 $\frac{1}{2}$개
마늘 1쪽
소금 5~7g
밀가루 약간
올리브오일 약간
로즈메리 또는 살비아 잎 약간
(생략 가능)

1 넉넉한 크기의 프라이팬에 올리브오일을 두르고 슬라이스한 양파와 마늘을 볶은 후 밀가루를 살짝 묻힌 닭고기를 넣고 앞뒤로 노릇하게 잘 구워줍니다. 이때 로즈메리를 함께 넣어 구워주세요. 닭고기는 한 마리를 구입해 토막 내 사용해도 좋고요, 좋아하는 부위만 구입해 사용해도 됩니다.

2 ①의 팬에 화이트와인을 넣고 강불에서 10분, 중불에서 30분 정도 익힙니다. 소금 간을 하며 익혀야 하는데, 두세 번 정도에 나눠서 맛을 보며 간을 해주세요. 처음부터 소금을 다 넣어버리면 간이 세질 수 있어요.

• 뚜껑을 덮지 말고 익혀주시고, 압력밥솥에 익히는 것은 절대! 안 됩니다. 화이트와인 대신 레드와인, 맥주로 변형해 넣을 수 있고, 이에 따라 맛도 달라지니 한번 시도해 보시기를 권합니다.

Polpo con pure all'aroma di aglio

문어와 마늘향퓌레

우리나라에서 서울 사람과 전라도 사람이 먹는 취향이 다른 것처럼, 이탈리아 내에서도 지역색이 있어요. 밀라노 사람들은 소스를 끓여도 긴 시간 투자 없이 만든 깔끔한 맛의 소스를 즐기고, 남부 사람들은 2~3시간 끓인 걸쭉한 소스를 좋아합니다. 같은 문어를 먹어도 남부 사람들은 마늘과 고추, 토마토를 넣고 삶아 소스가 있는 상태를 좋아하고, 밀라노 사람들은 따로 삶아 감자와 먹는 것을 좋아하더라고요. 밀라노 사람들이 좋아하는 스타일대로, 고춧가루 살짝 뿌린 으깬 감자와 먹는 문어의 맛을 즐겨보세요.

재료 3-4인분

문어 1~1.2kg(1마리)
감자 3개
페페론치노 가루 약간
(또는 파프리카 가루 약간)
마늘 1쪽
우유 2큰술
월계수 잎(생략 가능) 2~3장
소금 · 올리브오일 약간

1 압력솥에 월계수 잎과 물 2L를 넣고, 물이 끓기 시작하면 문어를 다리 쪽부터 넣어 뚜껑을 덮고 20분 정도 익혀줍니다. 김을 뺀 후 솥을 열고 삶은 물이 조금 식으면 문어를 꺼내 잘게 잘라줍니다.

2 감자를 찐 후 껍질을 벗기고 마늘 1쪽과 소금 약간, 우유 2큰술, 올리브오일 2큰술을 넣고 핸드블렌더로 갈아줍니다. 핸드블렌더가 없으면 으깬 감자에 다진 마늘과 올리브오일을 넣고 섞어도 돼요.

3 접시에 으깬 감자를 올리고 페페론치노 가루를 살짝 뿌린 후 ①의 문어를 올려줍니다. 샐러드용 올리브오일을 살짝 뿌려주시면 더 좋습니다.

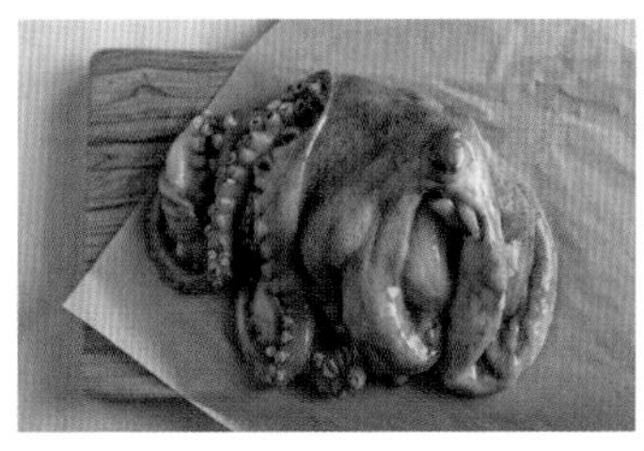

Involtini di pesce

생선말이구이

이탈리아에서는 교회도 식문화에 중요한 영향을 미쳐요. 교회에서는 연중 금요일 또는 부활절 전주가 되는 사순절에는 예수님이 십자가에 못 박히고 고통당한 것을 기억하고 참회하기 위해 고기 없이 가볍게 식사하기를 권하죠. 그 영향으로 신실한 신자들은 금요일엔 꼭 생선을 먹어요. 꼭 신자가 아니어도 견과류를 속재료로 이용한 시칠리아 스타일의 레시피는 손님 오는 날 2~3시간 전, 미리 준비해 냉장고에 두었다가 오븐에 구워 대접하기 좋은 메뉴죠.

재료 2인분

슬라이스 황새치 4장
(또는 연어, 참치, 상어)
양파(중간 크기) ½개
마늘 1쪽
마른 빵 50g
잣 20g
건포도 1큰술
양젖치즈(또는 파르메산치즈) 20g
레몬 ½개
소금 · 후춧가루 약간
월계수 잎 4장
프레제몰로 약간
올리브오일 1큰술

1 믹서에 마른 빵을 간 후 1큰술 정도는 따로 덜어두고, 빵가루가 있는 믹서에 양젖치즈를 갈아 넣고 마늘, 레몬 껍질 간 것(레몬제스트), 프레제몰로를 넣어 함께 갈아줍니다(프레제몰로도 다 넣지 말고 조금 남겨 둡니다). 양파는 채 썰어 프라이팬에 올리브오일을 두르고 볶아주고 소금, 후춧가루 간을 합니다.

2 ①의 준비한 재료를 볼에 함께 담고 잣과 건포도까지 넣으면 속재료는 완성입니다.

3 황새치 슬라이스를 넓게 펴놓은 후 만들어 놓은 속재료를 넣고 말아줍니다. 생선말이 2개가 1인분인데, 얇게 자른 레몬(껍질을 갈아내고 남은 레몬을 이용하면 됩니다), 월계수 잎과 함께 나무 꼬치로 번갈아 꿰어주세요.

4 나무 꼬치로 꿴 생선말이를 오븐 팬에 올리고 올리브오일을 살짝 뿌린 후, 따로 남겨뒀던 빵가루와 프레제몰로를 섞어서 뿌려줍니다. 180도로 예열한 오븐에 25~30분 정도 구워요. 뜨거울 때 바로 먹는 것이 좋아요.

• **프레제몰로는 이탈리아 파슬리입니다. 다양한 요리에 뿌려 먹어요.**

Merluzzo alla griglia con mandorle

아몬드대구구이

쉽고 간단하게 만들 수 있는 생선 요리입니다. 대구뿐만 아니라 껍질을 벗긴 도톰한 흰살 생선이면 다 좋고요, 껍질 벗긴 스테이크용 연어를 사용해도 잘 어울리는 레시피입니다. 생선의 부드러움과 아몬드의 고소한 맛과 식감이 잘 어울리죠.

재료 4인분

대구살 4쪽(1인분 200g)
아몬드 100g
소금 · 후춧가루 약간
올리브오일 약간
감자 2~3개

1 대구살에 소금, 후춧가루 간을 한 후 올리브오일을 발라 30분 정도 둡니다.

2 아몬드는 껍질이 있는 것을 사용하는 것이 좋고요, 믹서에 가는 것보다는 칼로 직접 잘게 다지는 것이 식감을 살릴 수 있어 좋습니다. ①의 대구살에 잘게 다진 아몬드를 앞뒤로 골고루 묻혀줍니다. 프라이팬에 기름을 두르고 중간 불에서 적당히 익힙니다.

3 곁들임 채소로 심플한 감자를 추천합니다. 감자를 삶아 적당한 크기로 자르고 소금과 올리브오일을 뿌려 냅니다. 취향에 따라 실파 또는 프레제몰로를 다져 함께 뿌려도 좋습니다.

Salmone grigliato con pizzico di prezzemolo

연어프레제몰로 오븐구이

프레제몰로를 넣고 오븐에 구워 연어 특유의 무겁고 느끼한 맛을 줄인 요리예요. 서양 요리에서 많이 볼 수 있는 생선 요리법 중 하나이기도 하죠. 이탈리아 파슬리인 프레제몰로로 만든 기본 소스를 연어뿐만 아니라 다양한 생선에 응용할 수 있어 유용한 레시피입니다.

재료 1인분

연어(구이용) 150g
프레제몰로 5~6줄기
마늘 1쪽
올리브오일 1큰술
소금 · 후춧가루 약간

결들임 샐러드
보리쌀 100g
파프리카 1개
감자 1개
양파 $\frac{1}{2}$개
애호박 $\frac{1}{2}$개
소금 1큰술
올리브오일 약간

1 믹서에 프레제몰로와 마늘, 올리브오일, 소금, 후춧가루를 넣고 갈아줍니다. 연어 자체에 기름이 많으므로 올리브오일은 연어 1인분당 1큰술 정도면 됩니다.

2 연어 위에 ①의 프레제몰로 소스를 바르고 180도로 예열한 오븐에 20분 정도 구워줍니다.

3 샐러드용 채소를 잘게 잘라 감자와 보리쌀만 제외하고 모두 팬에 올리브오일을 두르고 볶아줍니다.

4 끓는 물에 소금 1큰술을 넣고 보리쌀을 10분 정도 끓인 후 감자를 넣어 10분을 더 끓입니다(보리쌀 20분, 감자 10분 익히는 거예요). 감자와 보리쌀을 건져 ③과 섞은 후 소금 간을 합니다. 연어구이 옆에 곁들여 내요.

• 프레제몰로는 이탈리아 파슬리입니다. 여러 요리에 즐겨 뿌려 먹어요.

Pesce bianco con salsa di pomodoro

흰살생선토마토조림

두툼한 흰살 생선을 토마토소스에 조려내는 지중해식 생선 요리입니다. 여름 손님상에 내면 부담없이 잘 어울리고, 빵과 함께 서브하면 소스까지 알뜰하게 찍어 먹을 수 있어 좋아요. 만드는 법도 쉬워 여러모로 가벼운 생선 요리죠.

재료 2~3인분

두툼한 흰살 생선 800g
토마토퓌레 500g
올리브 100g
케이퍼 50g
다진 양파 1큰술
다진 마늘 1작은술
바질 2~3장
다진 프레제몰로 1작은술
소금 · 후춧가루 약간
올리브오일 약간

1 크기가 넉넉한 프라이팬에 올리브오일을 두르고 다진 양파와 마늘, 프레제몰로, 바질을 넣어 볶은 후 생선을 올려줍니다.

2 슈라는 냉동 대구를 사용했어요. 해동하지 않은 생선을 ①의 프라이팬에 넣고 토마토퓌레와 케이퍼, 올리브를 넣고 소금 간을 아주 조금 한 후 후춧가루를 뿌려 20분 정도 조립니다.

• 올리브는 올리브오일에 담겨 저장된 것을 사용해요.

•• 프레제몰로는 이탈리아 파슬리입니다. 다양한 요리에 뿌려 먹어요.

Sardine impanate al forno

사르데오븐구이

사르데*sarde*는 작은 정어리과의 생선으로, 안초비를 만드는 아추게, 알리치보다 비린 맛이 덜한 등푸른생선이에요. 지중해에서 즐겨 먹는 멸치 종류의 생선으로, 튀겨 먹기도 하고 구워 먹기도 하고 여러 가지 방법으로 요리하죠. 그중에서도 빵가루를 묻혀 오븐에 굽는 것이 가장 일반적입니다. 이탈리아 슈퍼마켓에 가면 잘 다듬은 사르데를 만날 수 있지만, 손질된 건 가격이 좀 나가겠죠? 마른 멸치 머리 떼고 똥 빼내는 것처럼 사르데도 머리를 떼면 뼈까지 따라와 손질하기 쉬워요. 이탈리아 가정에서 즐겨 먹는 생선 요리라 소개합니다.

재료 3-4인분

생멸치 200~300g
빵가루 150g
달걀 1개
마늘 2쪽
다진 프레제몰로 1작은술
소금 · 후춧가루 약간
식초 적당량
올리브오일 약간

1 싱싱한 멸치를 구입해 배를 가르고 뼈를 빼낸 후 식초에 살짝 씻어 키친타월 위에 올려 물기를 빼줍니다.

2 믹서에 마늘과 빵가루, 달걀, 프레제몰로, 소금, 후춧가루를 넣어 갈아줍니다.

3 오븐용기에 손질한 생멸치를 가지런히 펴놓고 ②의 빵가루 반죽을 펴준 후 한 겹 더 멸치를 올리고 빵가루 반죽을 펴주세요. 올리브오일을 뿌린 후 200도로 예열한 오븐에 25~30분 정도 구워줍니다(오븐용기 대신 오븐 팬 위에 바로 멸치를 깔고 빵가루 반죽-멸치-빵가루 반죽-올리브오일 순으로 올려 20분 정도 구워도 됩니다).

• 생멸치 대신 등푸른생선이나 흰살 생선에 빵가루 반죽을 묻혀 구워주셔도 됩니다. 생선의 크기와 양에 따라 준비해야 할 빵가루 양과 오븐에 굽는 시간이 달라지겠죠?

•• 프레제몰로는 이탈리아 파슬리입니다. 다양한 요리에 뿌려 먹어요.

디저트

Dolce

Macedonia

마체도니아

여름 후식으로 최고인 마체도니아는 여러 가지 과일들을 큼직하게 잘라 만듭니다. 보기엔 간단하지만 과일을 다듬고 자르는 정성이 들어가죠. 이탈리아 북부 사람들보다는 남부 사람들이 과일을 더 좋아하지만, 먹기 좋게 썰어 예쁘게 담아놓은 마체도니아는 북부 사람들도 사양하기 힘들죠.

재료 6인분

파인애플 $\frac{1}{2}$개
사과 1개
복숭아 1개
딸기 6개
청포도 $\frac{1}{2}$송이

1 취향에 따라 원하는 과일을 잘 씻어 다듬어 큼직하게 깍둑썰기하고 섞어주면 됩니다. 따로 설탕이나 과일 주스, 탄산음료는 넣지 않는 것이 이탈리아 과일 믹스의 특징입니다.

• 과일 샐러드, 과일 믹스라고 해도 될 텐데 마체도니아라고 부르는 이유는 발칸반도에 위치한 마케도니아 때문이에요. 마케도니아는 여러 민족과 인종이 모여 형성된 곳으로, 그 모습이 여러 과일이 어우러진 과일 후식 같다며 비유해서 부르기 시작했대요. 이탈리아를 여행하다가 컵 안에 과일 믹스가 예쁘게 놓여 있다면 마케도니아 지방을 떠올리시길 바라요.

Crostata alla marmellata

가정식 타르타

집에서 소박하고 쉽게 만들어 먹는 일반적인 타르타예요. 아침 식탁에 자주 올리는 케이크이기도 하고, 할머니들이 손자들에게 간식으로 즐겨 만들어 주는 단 음식이기도 하죠.

재료 지름 20cm 타르타 1개

박력분 200g
버터 90g
설탕 90g
달걀 1개
소금 0.5g
과일 잼 80g

1 상온에서 2시간 이상 보관한 버터를 반죽 볼에 넣고, 잼을 제외한 나머지 타르타 재료를 다 넣고 섞어요.

2 잘 섞어 덩어리로 만들어 놓습니다.

3 반죽을 작업판에 올려놓고 밀대로 밀어요. 타르타를 구울 틀의 바닥보다 2cm쯤 크게 밀어주세요.

4 반죽을 틀에 맞춰 올리고 그 위에 잼을 골고루 올려요. 그 위에 다시 여분의 반죽을 길게 만들어 격자무늬가 되도록 올려요. 180도로 예열한 오븐에 30분 정도 익힙니다.

- 같은 반죽에 잼 대신 견과류를 올려 구워도 맛있어요.

Panna cotta

판나코타

판나코타는 생크림을 익혀 만들었다고 해서 부르는 이름이고요. 우리가 익히 알고 있는 푸딩을 생각하면 쉽게 이해가 될 거예요. 대표적인 이탈리아 후식 중 하나입니다. 판나코타는 소스의 변화로 여러 가지 맛을 낼 수 있는데 그중 이탈리아에서 인기 많은 딸기소스를 곁들인 판나코타를 소개할게요. 거품기나 오븐을 사용하지 않고 만들 수 있어 좋아요.

재료 4~6인분

판나코타

생크림 500g
설탕 80g
바닐라빈 1개
(또는 바닐라오일 2~3방울)
판 젤라틴 3장

딸기소스

딸기 200g
설탕 20g
레몬즙 2큰술(생략 가능)

1 바닐라빈은 세로로 반으로 잘라 칼로 안쪽을 긁어냅니다. 긁어낸 것을 잘 담아두세요.

2 냄비에 생크림과 설탕, 긁어놓은 바닐라빈과 바닐라빈 껍질까지 넣고 15분 정도 중불에서 끓입니다. 이때 넉넉한 크기의 냄비를(생크림을 담았을 때 빈 공간이 2배 정도는 남는 것) 사용해야 넘치지 않아요.

3 10분쯤 끓었을 때 판 젤라틴을 준비해요. 용기에 물을 담아 젤라틴을 넣고 흐물해질 때까지(5분 정도) 불려 놓습니다. 15분 끓인 ②의 냄비에 시간 맞춰 불려놓은 젤라틴을 물기를 짜낸 후 넣어요. 잘 섞어(1분 정도) 녹여줍니다.

4 다 끓인 ③의 생크림을 체에 한 번 걸러낸 후 적당한 유리 용기에 담아 식혀요. 다 식으면 냉장고에 보관하여 4~5시간 이상 굳힙니다.

5 이제 딸기소스를 준비해요. 딸기는 깨끗이 씻어 꼭지를 따내고 적당히 잘라 설탕과 함께 냄비에 넣고 5분 정도 끓여 식혀줍니다. 불에서 내려 레몬즙을 짜 넣어요(아이들이 먹을 땐 생략해도 좋습니다). 만든 후 2시간 정도 상온 또는 냉장 보관 후 사용해야 맛있어요. ④의 냉장 보관한 판나코타 위에 딸기소스를 얹어 내면 완성입니다.

Tiramisù

티라미수

사이가 좋지 않았던 며느리가 아이를 낳자 원기회복과 화해를 바라며 만들어 "기운 차려라*tiri su* 며늘아기야" 하며 전달했다는, 어느 시어머니의 티라미수의 이야기를 시작으로 많은 탄생설과 비슷한 레시피들이 있어요. 하지만 지금 우리가 즐기고 있는 마스카포네치즈를 이용한 티라미수는 1980년대에 들어와 베네토 지방의 레시피로 완성되었다고 합니다. 후식계의 막내인 셈인데, 제일 늦게 태어나 순식간에 퍼져 세계인들의 사랑을 받고 있죠. 에스프레소 향과 크림의 조화가 좋은, 슈라가 제일 좋아하는 이탈리아 후식이랍니다.

재료 20×20cm 사각 케이크 1개

레이디핑거 12개
에스프레소 150ml
달걀 3개
설탕 4큰술
마스카포네치즈 250g
생크림 250g
카카오 가루 약간

1 3개의 용기에 나눠 거품을 따로 내줘야 실패가 없답니다. a의 볼은 생크림과 설탕 2큰술, b의 볼은 마스카포네치즈와 달걀노른자, c의 볼은 설탕 2큰술과 달걀흰자를 각각 넣어 거품을 내주세요.

2 충분히 거품이 난 a, b, c의 내용물을 하나로 섞어줍니다.

3 레이디핑거에 충분히 식힌 에스프레소를 살짝 묻혀 티라미수 용기에 가지런히 깔아줍니다. 섞어놓은 ②의 크림 반 정도를 그 위에 올리고 다시 에스프레소를 묻힌 레이디핑거를 가지런히 깔아준 후, 남은 크림을 적당히 담아 평평하게 마무리합니다. 카카오 가루는 먹기 전에 살짝 뿌려 내는 것이 좋아요.

• 레이디핑거는 달걀과 설탕을 넣고 부풀려 만든 가벼운 과자로 중세부터 사랑받았던 대표적인 후식용 과자입니다. 이탈리아에서는 레이디핑거를 달걀과 설탕, 와인(또는 술)을 넣어 만든 크림에 찍어 먹는 것이 대표적인데, 여러 가지 케이크의 기본 시트로 사용하기도 해요.

Torta paradiso

파라디조케이크

'파라디조'는 천국이라는 뜻입니다. 이름처럼 입안에서 사르르 녹는 케이크의 식감이 천국을 상상하게 만드는 부드러운 맛의 케이크입니다. 아시아인들이 좋아하는 부드럽고 폭신한 카스텔라, 스펀지케이크와는 또 다른 폭신함이에요. 그 느낌이 마치 구름 위에 떠 있는 듯 한없이 부드럽죠. 이 맛을 이탈리아 사람들은 천국이라 생각하나 봅니다.

재료 지름 28cm 시폰케이크 1개
(또는 지름 24cm 케이크 1개)

밀가루 150g
감자전분 150g
설탕 180g
달걀 5개
우유 130ml
버터 90g
레몬 1개
베이킹파우더 8g
소금 1g

1 밀가루, 감자전분, 베이킹파우더, 소금은 체에 쳐서 합쳐놓고, 버터는 녹여놓습니다.

2 달걀은 흰자, 노른자를 구분하여 볼 2개에 나눠 넣은 후 각각 설탕을 반씩 넣고 섞어줍니다. 흰자는 거품을 충분히 내주고, 노른자는 설탕이 녹을 정도로만 섞어준 후 우유와 녹인 버터를 넣고 섞어줍니다.

3 노른자 볼에 체에 친 ①의 밀가루를 넣고 잘 섞은 후 거품 낸 흰자를 넣어 섞습니다.

4 ③의 반죽에 레몬 껍질을 곱게 갈아 넣고 레몬즙도 짜 넣어 섞어주세요. 완성된 반죽을 케이크 틀에 넣어 180도로 예열한 오븐에서 40~50분 정도 구워줍니다.

Torta di riso

쌀케이크

쌀을 끓여 설탕과 견과류를 넣어 만드는 후식이에요. 우리나라 약식과 많이 닮은 케이크죠. 이 케이크는 에밀리아 지방에서 즐겨 먹는 대표 케이크인데, 에밀리아 지방은 볼로네제 고기 소스, 생면, 라비올리, 파르메산치즈, 프로슈토로도 유명한 곳이죠. 이름만 들어도 알 만한 맛있는 요리들을 즐기는 지역의 디저트라면 두말할 것도 없이 맛있겠죠? 기대해도 좋은 특별한 케이크입니다.

재료 6~8인분

쌀 250g
설탕 100g
아몬드 120g
우유 1L
달걀 4개
버터 20g
계피 1조각
소금 1g
슈거파우더 약간

1. 냄비에 우유와 설탕, 계피, 쌀을 넣고 끓기 시작하면 20분 정도 중불에서 끓여줍니다. 중간 중간 우유가 넘치지 않도록 잘 저어줍니다. 익힌 쌀은 20분 정도 그대로 식혀요.
2. 볼에 달걀을 풀어요. 아몬드는 믹서로 쌀 알갱이 크기(씹히는 질감을 느낄 수 있도록 대충 갈면 돼요) 정도로 갈아 달걀 볼에 넣어줍니다. 여기에 식혀둔 쌀을(계피는 빼고) 넣어 합쳐요. 버터, 소금을 넣고 잘 섞습니다.
3. 잘 섞은 쌀 반죽을 케이크 틀에 넣어줍니다.
4. 180도로 예열한 오븐에 50분~1시간 정도 구운 후 틀에서 분리해 식혀줍니다. 슈거파우더를 뿌려 냅니다.

Panettone

파네토네

1500년대부터 만들어 먹었다고 추정되는 이 빵은 지금도 이탈리아의 크리스마스를 풍성하게 해주는 인기 빵이죠. 파네토네는 발효시간이 길기 때문에 하루 이상 여유를 두고 만들어야 제맛이 나요. 지금도 밀라노에서는 천연 발효종으로 빵을 만드는 제과점들이 있어 발효빵이야 늘 볼 수 있지만, 파네토네는 크리스마스 기간에만 판매하기 때문에 그때가 아니면 맛볼 수 없죠. 물론 사계절 즐길 수 있도록 슈라가 레시피를 알려드릴 거지만요.

재료 8-10인분

발효종

생이스트 12g
(또는 드라이이스트 4g)

물 40g

강력분 60g

1차 반죽

밀가루 220g
(강력분 110g + 중력분 110g)

달걀노른자 3개

물 80g

설탕 70g

버터 80g

2차 반죽

밀가루 90g
(강력분 40g + 중력분 50g)

설탕 70g

버터 90g

노른자 3개

꿀 30g

물 50g

소금 2.5g

바닐라빈 1개

건포도 100g

오렌지필 50g

초콜릿칩 80~100g

오렌지 1개

버터 약간

1 먼저 발효종을 만들 거예요. 이스트와 물, 밀가루를 넣고 가루가 잘 섞여 뭉칠 때까지 반죽한 후(3분 정도) 반죽이 두 배로 부풀 때까지 기다립니다(실온에서 1시간 30분).

2 부푼 발효종과 1차 반죽 재료를 반죽기에 함께 넣고 20분 정도 반죽을 한 후, 오렌지를 잘 씻어 껍질 겉 부분만 곱게 갈아(오렌지 제스트) 반죽에 넣어줍니다. 반죽을 랩으로 덮어 실온에서 두 배 이상 부풀기를 기다립니다(2시간~2시간 30분).

3 ②의 부푼 반죽을 주물러 가스를 빼고, 여기에 2차 반죽 재료를 넣고 섞어 반죽을 합니다. 반죽기로 15분 정도 반죽해요.

4 반죽을 동그랗게 만들어 면 행주를 덮어 30분 정도 휴지시켜줍니다.

5 대충 손으로 반죽을 넓게 펴 김밥 말듯이 돌돌 말아 이것을 다시 튜브처럼 둥글게 만들어요. 케이크 틀이나 파네토네 틀에 넣어(60% 높이가 되도록) 3~6시간 정도 기다립니다(반죽이 두 배 이상 부풀어야 해요, 저는 밤에 작업을 시작해 아침에 굽기도 합니다).

6 부푼 반죽 윗면에 십자가 모양으로 칼집을 낸 후 반죽 윗면만 얇게 잘 뜯어내 버터를 조금씩 넣어 닫아요(생략 가능). 180도로 예열한 오븐에서 30분, 온도를 160도로 낮춰 30분 정도 더 구워줍니다. 빵을 꺼내 식힘망 위에 뒤집어 놓고 식혀줍니다. 하루가 지나야 더 맛이 난다는 사실!

• 반죽 자체가 무게감이 있어 여러 번에 나눠 발효를 해야 발효가 잘 됩니다. 천연 발효종을 사용하는 것이 원칙이나 슈라는 이스트를 이용해 시간을 단축했어요.

• • 오렌지필은 오렌지의 노란 겉껍질을 끓여 쓴맛을 제거한 후 설탕에 조려낸 제과용 과일 조림입니다. 버터가 다량 들어가는 케이크나 오랜 발효를 요하는 빵에 넣으면 오렌지의 향기가 배어 좀 더 산뜻하고 가벼운 맛을 내줍니다. 건포도, 초콜릿칩 등 부 재료는 취향에 따라 다른 것으로 넣으셔도 돼요.

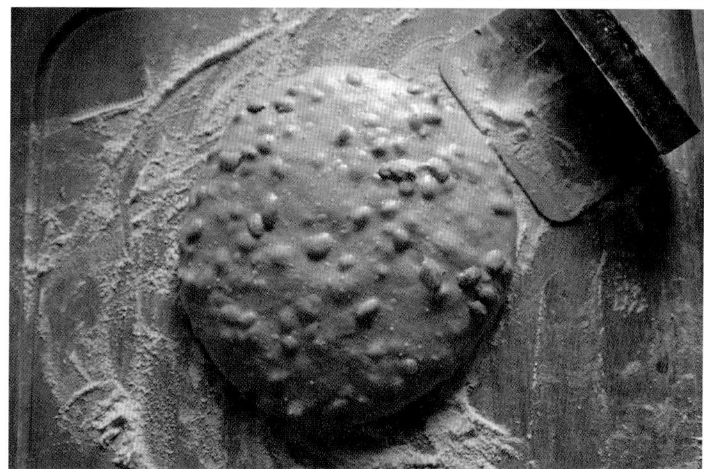

Index

밀라노 아줌마 슈라의

이탈리아 가정식

초판 1쇄 2018년 8월 13일
초판 2쇄 2018년 11월 20일

지은이 | 이정화

발행인 | 이상언
제작총괄 | 이정아
편집장 | 손혜린
기획&진행 | 손영선
디자인총괄 | 이선정
표지 디자인 | 김미소
디자인 | 최수정

발행처 | 중앙일보플러스(주)
주소 | (04517) 서울시 중구 통일로 86 바비엥3 4층
등록 | 2008년 1월 25일 제2014-000178호
판매 | 1588-0950
제작 | (02) 6416-3934
홈페이지 | www.joongangbooks.co.kr
포스트 | post.naver.com/joongangbooks
인스타그램 | www.instagram.com/j__books

ISBN 978-89-278-0952-4 13590

※ 책값은 뒤표지에 있습니다.
※ 잘못된 책은 구입처에서 바꿔 드립니다.

중앙북스는 중앙일보플러스(주)의 단행본 출판 브랜드입니다.